STM32 实战通关

（初级篇）

主　编　孙　菁
副主编　王雁标　张　超

北京理工大学出版社
BEIJING INSTITUTE OF TECHNOLOGY PRESS

图书在版编目（CIP）数据

STM32 实战通关．初级篇/孙菁主编．—北京：北京理工大学出版社，2018.5
（2023.1 重印）

ISBN 978 - 7 - 5682 - 5592 - 9

Ⅰ. ①S…　Ⅱ. ①孙…　Ⅲ. ①微控制器　Ⅳ. ①TP332.3

中国版本图书馆 CIP 数据核字（2018）第 093730 号

出版发行／北京理工大学出版社有限责任公司

社　　　址／北京市海淀区中关村南大街 5 号

邮　　　编／100081

电　　　话／（010）68914775（总编室）

　　　　　　（010）82562903（教材售后服务热线）

　　　　　　（010）68944723（其他图书服务热线）

网　　　址／http：//www.bitpress.com.cn

经　　　销／全国各地新华书店

印　　　刷／廊坊市印艺阁数字科技有限公司

开　　　本／787 毫米×1092 毫米　1/16

印　　　张／10　　　　　　　　　　　　　　　　　责任编辑／王艳丽

字　　　数／185 千字　　　　　　　　　　　　　　文案编辑／王艳丽

版　　　次／2018 年 5 月第 1 版　2023 年 1 月第 3 次印刷　责任校对／周瑞红

定　　　价／29.00 元　　　　　　　　　　　　　　责任印制／李志强

前言

意法半导体的 STM32 系列微控制器是嵌入式设计的佳选之一。STM32 系列不仅系统架构先进，而且家族阵容庞大，包括基于 ARM® Cortex®-M 内核（Cortex-M0、Cortex-M0 + 、Cortex-M3、Cortex-M4、Cortex-M7）的各级芯片，开发者能轻松获得多地供货保障和完善的开发支持。

《STM32 实战通关（初级篇）》教材旨在服务于意法半导体的 STM32 初学者或已具有 51、PIC 等单片机开发经验的工程技术人员，帮助读者快速进入 32 位 ARM 嵌入式开发领域，并能开发一些简单、基本的实际应用。在读者完成本教材的学习之后，也可以通过《STM32 实战通关（中级篇）》（编写中）、《STM32 实战通关（高级篇）》（编写中）等后续教材深入学习 STM32 微控制器的开发技巧。

本教材为中山职业技术学院物联网应用技术专业与电子信息工程技术专业资深教师结合多年单片机教学积累编著而成。本教材内容深入浅出、环环相扣、案例实用，适用于本科、高职院校相关专业开设的相关课程。教材中所涉及例程、二维码扫码资源由超星慕课 "STM32 单片机应用实践"（https://mooc1-2. chaoxing. com/course/100793830. html）同步提供。

本教材内容倾向于实用型案例的讲解。对于教材中所涉及芯片的《STM32F4xx 数据手册》《STM32F4xx 中文参考手册》《STM32F4xx 固件函数库》等技术文档中的内容，读者可在 ST 官方网站或 ST 中文论坛中下载，以配合本教材的学习。

由于作者水平所限，教材中难免有疏漏和不足之处，希望读者给予批评指正。

编 者

目录

单元 1

入门三宝（闪灯/定时/按键）

1.1 开发环境的准备

目的

- 理解 STM32 的软硬件开发环境、典型开发流程。
- 了解"STM32 实验平台一"的硬件资源分配、时钟系统特性。
- 能建立完整的 STM32 工程模板。

1.1.1 硬件开发环境

为了更好地说明 STM32 的开发技术，本教材以 STM32F4 家族中的成员 STM32F4ZGT6 为例，编写了大量基础、实用的教学案例，辅以编写组自主开发的 "STM32 实验平台一"作为教学案例的配套实验平台。实验平台原理如图 1.1 所示。

STM32实战通关(初级篇)

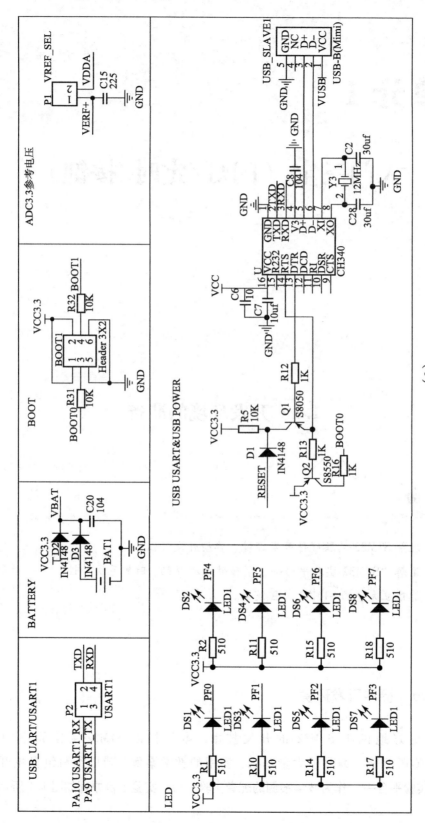

图1.1 (a)

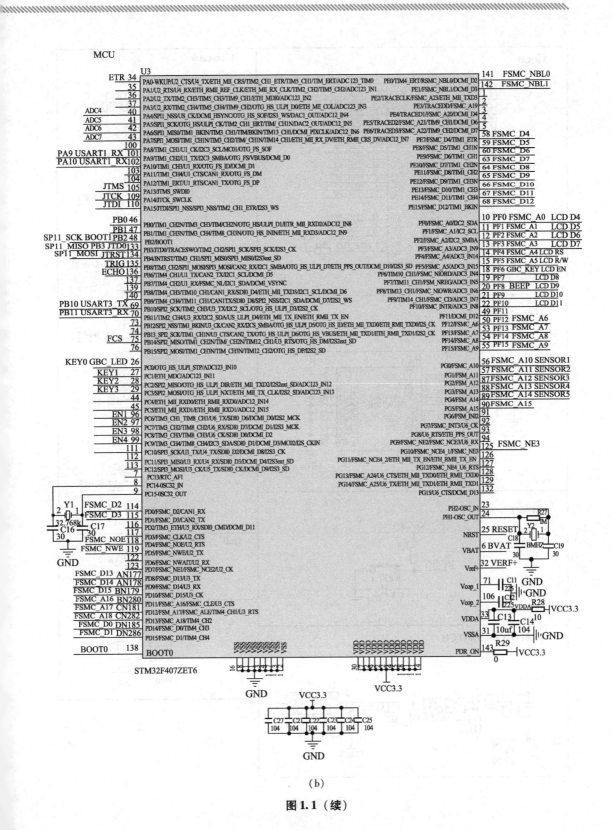

(b)

图1.1（续）

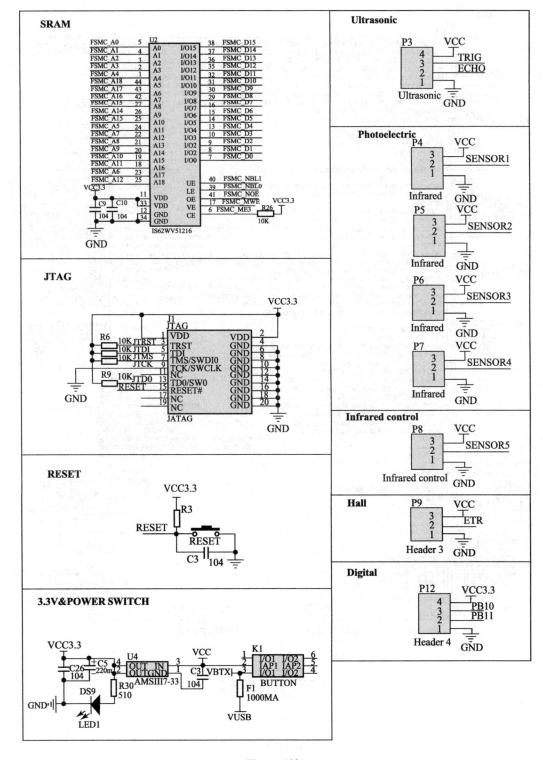

图 1.1（续）

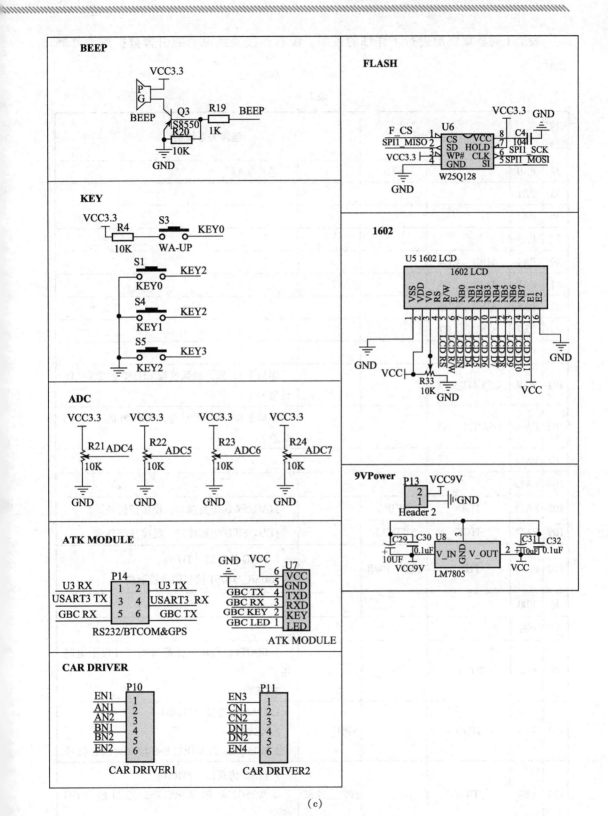

（c）

图1.1（续）

表 1.1 对板载资源进行了详细的说明。没有连接关系说明的引脚被扩展为外部插针。

表 1.1

引脚编号	GPIO	连接资源		连接关系说明
34	PA0		ETR	芯片唤醒
35	PA1			
36	PA2			
37	PA3			
40	PA4	ADC1_ CH4		
41	PA5	ADC1_ CH5		
42	PA6	ADC1_ CH6		
43	PA7	ADC1_ CH7		
100	PA8			
101	PA9	USART1_ TX		串口 1 TX 脚，默认连接 CH340 的 RX（P6 设置）
102	PA10	USART1_ RX		串口 1 RX 脚，默认连接 CH340 的 TX（P6 设置）
103	PA11			
104	PA12			
105	PA13	JTMS	SWDIO	JTAG/SWD 仿真接口，没接任何外设
109	PA14	JTCK	SWDCLK	JTAG/SWD 仿真接口，没接任何外设
110	PA15	JTDI	USB_ PWR	1. JTAG 仿真口（JTDI） 2. USB_ HOST 接口供电控制脚
46	PB0			
47	PB1			
48	PB2	BOOT1		1. BOOT1，启动选择配置引脚（仅上电时用） 2. KEY1
133	PB3	JTDO	SPI1_ SCK	1. JTAG 仿真口（JTDO） 2. KEY2 3. W25Q128 和 WIRELESS 接口的 SCK 信号
134	PB4	JTRST	SPI1_ MISO	1. JTAG 仿真口（JTRST） 2. W25Q128 和 WIRELESS 接口的 MISO 信号

引脚编号	GPIO	连接资源		连接关系说明
135	PB5	TRIG	SPI1_ MOSI	1. 超声波引脚 2. W25Q128 和 WIRELESS 接口的 MOSI 信号
136	PB6	ECHO		超声波引脚
137	PB7			
139	PB8			
140	PB9			
69	PB10	USART3_ TX		1. RS232 串口 3（COM3）RX 脚（P10 设置） 2. ATK－Module 接口的 RXD 脚（P10 设置）
70	PB11	USART3_ RX		1. RS232 串口 3（COM3）RX 脚（P11 设置） 2. ATK－Module 接口的 RXD 脚（P11 设置）
73	PB12			
74	PB13			
75	PB14	F_ CS		
76	PB15			
26	PC0	KEY0		
27	PC1	KEY1		
28	PC2	KEY2		
29	PC3	KEY3		
44	PC4			
45	PC5			
96	PC6	car_ en1		小车电机 1 使能引脚
97	PC7	car_ en2		小车电机 2 使能引脚
98	PC8	car_ en3		小车电机 3 使能引脚
99	PC9	car_ en4		小车电机 4 使能引脚
111	PC10			
112	PC11			
113	PC12			

续表

引脚编号	GPIO	连接资源		连接关系说明
7	PC13			
8	PC14		RTC 晶振	接 32.768kHz 晶振，不可用作 IO
9	PC15		RTC 晶振	接 32.768kHz 晶振，不可用作 IO
114	PD0	FSMC_ D2		FSMC 总线数据线 D2（SRAM 用）
115	PD1	FSMC_ D3		FSMC 总线数据线 D3（SRAM 用）
116	PD2			
117	PD3			
118	PD4	FSMC_ NOE		FSMC 总线 NOE（RD）（SRAM 用）
119	PD5	FSMC_ NWE		FSMC 总线 NWE（WR）（SRAM 用）
122	PD6			
123	PD7			
77	PD8	FSMC_ D13	AN1	FSMC 总线数据线 D13（SRAM 用）/小车驱动方向引脚
78	PD9	FSMC_ D14	AN2	FSMC 总线数据线 D14（SRAM 用）/小车驱动方向引脚
79	PD10	FSMC_ D15	BN1	FSMC 总线数据线 D15（SRAM 用）/小车驱动方向引脚
80	PD11	FSMC_ A16	BN2	FSMC 总线地址线 A16（SRAM 用）/小车驱动方向引脚
81	PD12	FSMC_ A17	CN1	FSMC 总线地址线 A17（SRAM 专用）/小车驱动方向引脚
82	PD13	FSMC_ A18	CN2	FSMC 总线地址线 A18（SRAM 专用）/小车驱动方向引脚
85	PD14	FSMC_ D0	DN1	FSMC 总线数据线 D0（SRAM 共用）/小车驱动方向引脚
86	PD15	FSMC_ D1	DN2	FSMC 总线数据线 D1（SRAM 共用）/小车驱动方向引脚
141	PE0	FSMC_ NBL0		FSMC 总线 NBL0（SRAM 专用）
142	PE1	FSMC_ NBL1		FSMC 总线 NBL1（SRAM 专用）
1	PE2			
2	PE3			
3	PE4			

续表

引脚编号	GPIO	连接资源			连接关系说明
4	PE5				
5	PE6				
58	PE7	FSMC_ D4			FSMC 总线数据线 D4（SRAM 共用）
59	PE8	FSMC_ D5			FSMC 总线数据线 D5（SRAM 共用）
60	PE9	FSMC_ D6			FSMC 总线数据线 D6（SRAM 共用）
63	PE10	FSMC_ D7			FSMC 总线数据线 D7（SRAM 共用）
64	PE11	FSMC_ D8			FSMC 总线数据线 D8（LCD/SRAM 共用）
65	PE12	FSMC_ D9			FSMC 总线数据线 D9（LCD/SRAM 共用）
66	PE13	FSMC_ D10			FSMC 总线数据线 D10（LCD/SRAM 共用）
67	PE14	FSMC_ D11			FSMC 总线数据线 D11（LCD/SRAM 共用）
68	PE15	FSMC_ D12			FSMC 总线数据线 D12（LCD/SRAM 共用）
10	PF0	FSMC_ A0	LED0	LCD D4	FSMC 总线地址线 A0（SRAM 专用）/ 1602 LCD
11	PF1	FSMC_ A1	LED1	LCD D5	FSMC 总线地址线 A1（SRAM 专用）
12	PF2	FSMC_ A2	LED2	LCD D6	FSMC 总线地址线 A2（SRAM 专用）
13	PF3	FSMC_ A3	LED3	LCD D7	FSMC 总线地址线 A3（SRAM 专用）
14	PF4	FSMC_ A4	LED4	LCD_ RS	FSMC 总线地址线 A4（SRAM 专用）
15	PF5	FSMC_ A5	LED5	LED_ R/W	FSMC 总线地址线 A5（SRAM 专用）
18	PF6	GBC_ KEY	LED6	LCD EN	1. 接 ATK – Module 接口的 KEY 脚 2. 接 LED 灯 3. 接 1602LCD 使能端
19	PF7		LED7	LCD D8	LED 1602 总线
20	PF8	BEEP		LCD D9	接蜂鸣器（BEEP）
21	PF9			LCD D10	1602 总线
22	PF10			LCD D11	1602 总线
49	PF11				
50	PF12	FSMC_ A6			FSMC 总线地址线 A6（SRAM/LCD 共用）
53	PF13	FSMC_ A7			FSMC 总线地址线 A7（SRAM 专用）
54	PF14	FSMC_ A8			FSMC 总线地址线 A8（SRAM 专用）

续表

引脚编号	GPIO	连接资源		连接关系说明
55	PF15	FSMC_ A9		FSMC 总线地址线 A9（SRAM 专用）
56	PG0	FSMC_ A10	SEN1	1. FSMC 总线地址线 A10（SRAM 专用） 2. 红外传感器
57	PG1	FSMC_ A11	SEN2	FSMC 总线地址线 A11（SRAM 专用）/红外传感器
87	PG2	FSMC_ A12	SEN3	FSMC 总线地址线 A12（SRAM 专用）/红外传感器
88	PG3	FSMC_ A13	SEN4	FSMC 总线地址线 A13（SRAM 专用）/红外传感器
89	PG4	FSMC_ A14	SEN5	FSMC 总线地址线 A14（SRAM 专用）/红外遥控
90	PG5	FSMC_ A15		FSMC 总线地址线 A15（SRAM 专用）
91	PG6			
92	PG7			
93	PG8			
124	PG9			
125	PG10	FSMC_ NE3		FSMC 总线的片选信号 3，为外部 SRAM 片选信号
126	PG11			
127	PG12	FSMC_ NE4		FSMC 总线的片选信号 4，为 LCD 片选信号

1.1.2　软件开发环境

本教材所有案例均已经在 KEIL - MDK5 环境下编辑和运行通过。本小节以"点亮一个 LED"为例，讲述 MDK5 环境下开发 STM32 的典型过程。

（1）新建一个文件夹，作为工程文件夹，如 DEMO。

（2）打开 MDK5.24，单击 Pack Installer，如图 1.2 所示，在界面的右边 Search 栏

中搜索芯片型号，单击 OK 按钮确认。

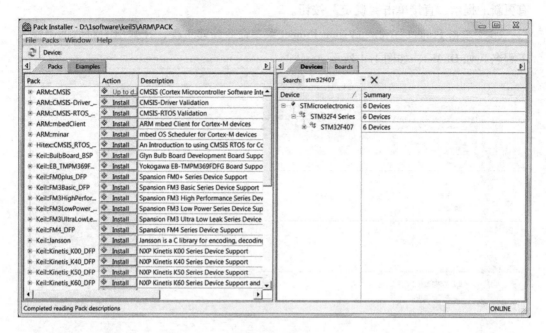

图 1. 2

选中芯片，界面左边的 Pack 栏里会出现对应的安装包（如 Keil：STM32F4xx_DFP），单击 Install 按钮安装该芯片系列的固件库，如图 1. 3 所示。

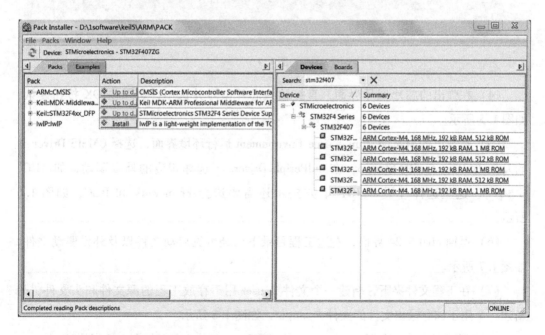

图 1. 3

安装完成后，直接单击右上角的×按钮关掉该界面，然后进入MDK界面，若出现有更新的提示，直接单击"确定"按钮。

（3）单击Project→New μVision Project菜单命令新建工程，在弹出的对话框中输入工程名，如DEMO，如图1.4所示。

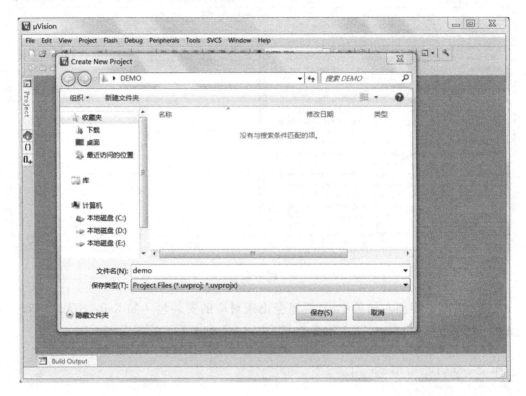

图1.4

（4）在弹出的芯片型号界面，直接输入芯片型号并选中，再单击OK按钮确认，如图1.5所示。

（5）在弹出的Manage Run-Time Environment运行环境界面，选择CMSIS Driver下的Core和Device下的Startup。在StdPeriph Drivers下选择相应的外设驱动，如ADC、GPIO等。这里选择外设GPIO，下方提示还需要选择Framework和RCC，如图1.6所示。

（6）返回MDK5.24界面，左边工程目录下已经可见启动文件以及外设驱动文件，如图1.7所示。

（7）在工程文件夹下，新建一个文件夹user用于存放工程的源文件和头文件，另新建一个用于储存输出文件的文件夹output，如图1.8所示。

（8）新建源文件，命名为main.c，并保存到user文件夹，如图1.9所示。

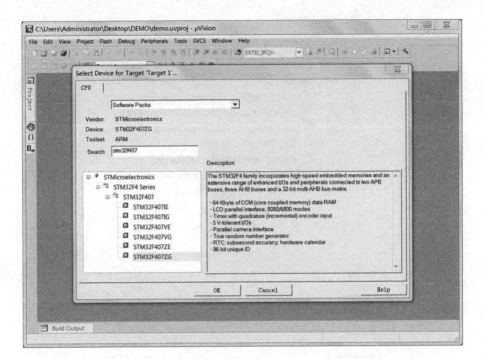

图 1.5

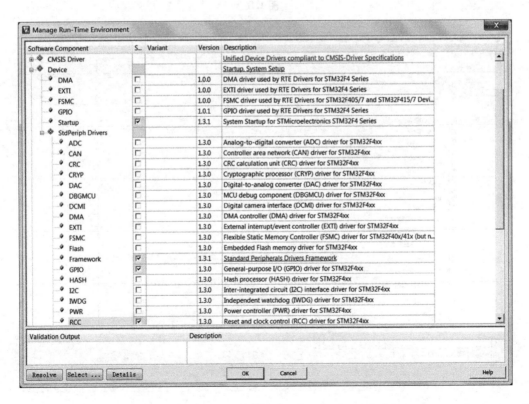

图 1.6

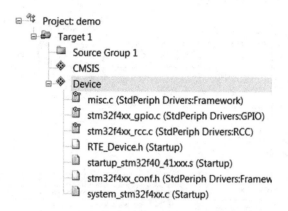

图1.7

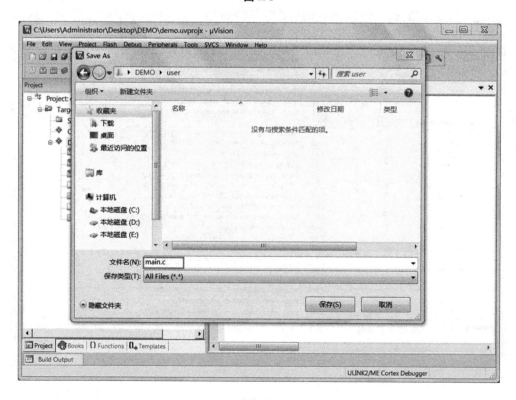

图1.8

图1.9

（9）单击 Add 按钮添加新文件到源文件组里，如图 1.10 所示。

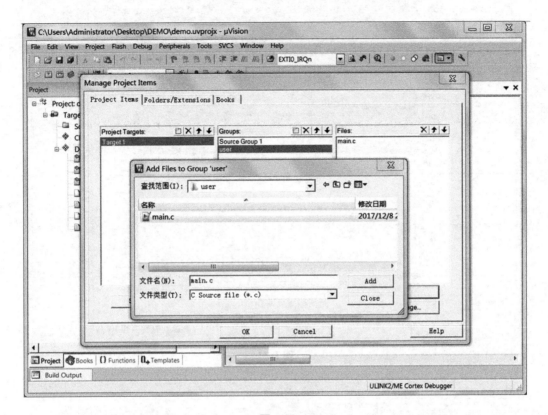

图 1.10

（10）单击 Options for Target 选项，在弹出的对话框中可配置 MDK，如图 1.11 和图 1.12 所示。

（11）配置 MDK 的自动索引功能。单击菜单 Edit→Configuration 命令，弹出对话框如图 1.13 所示。

（12）编写程序，并编译、创建，如图 1.14 所示。

（13）使用 ST－LINK 仿真器下载。在 ST－LINK 使用之前，需要将 JTAG 接口与 PC 端相连，并且安装官方驱动程序，在工程选项中选择 ST－LINK 下载器，即可正常使用，其过程如图 1.15 至图 1.18 所示。

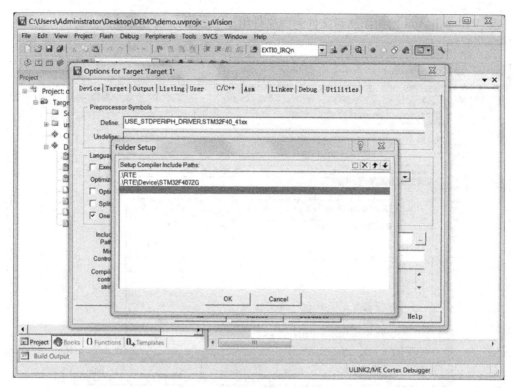

图 1.11

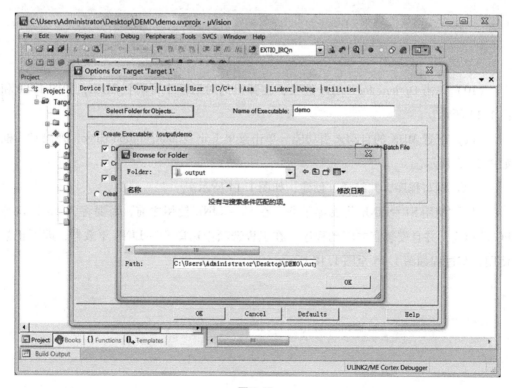

图 1.12

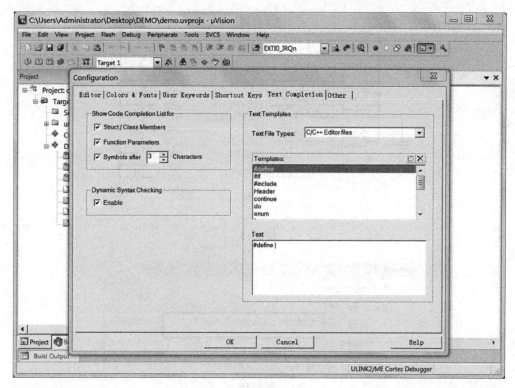

图 1. 13

```
1 #include "stm32f4xx.h"
2 void TimDelay(__IO uint32_t nTime)
3 {
4    while(nTime--);
5 }
6 int main(void)
7 {
8    GPIO_InitTypeDef  GPIO_Initdemo;
9    RCC_AHB1PeriphClockCmd(RCC_AHB1Periph_GPIOF, ENABLE);
10   GPIO_Initdemo.GPIO_Pin = GPIO_Pin_9 | GPIO_Pin_10;
11   GPIO_Initdemo.GPIO_Mode = GPIO_Mode_OUT;
12   GPIO_Initdemo.GPIO_OType = GPIO_OType_PP;
13   GPIO_Initdemo.GPIO_Speed = GPIO_Speed_100MHz;
14   GPIO_Initdemo.GPIO_PuPd = GPIO_PuPd_UP;
15   GPIO_Init(GPIOF, &GPIO_Initdemo);
16   while(1){
17      GPIO_SetBits(GPIOF,GPIO_Pin_9|GPIO_Pin_10);
18      TimDelay(0x7FFFFF);
19      GPIO_ResetBits(GPIOF,GPIO_Pin_9|GPIO_Pin_10);
20      TimDelay(0x7FFFFF);
21
22   }
23 }
24
```

图 1. 14

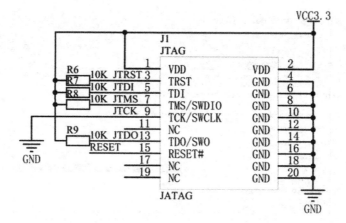

图 1. 15

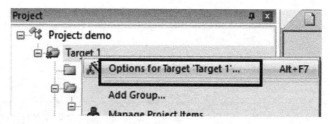

图 1. 16

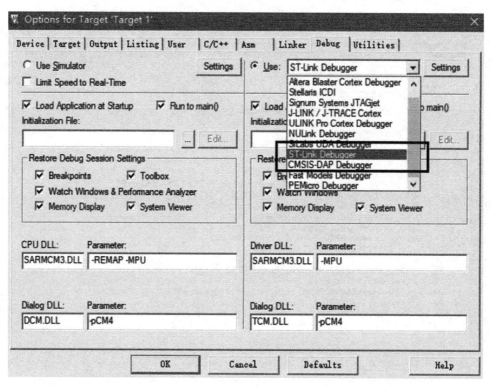

图 1. 17

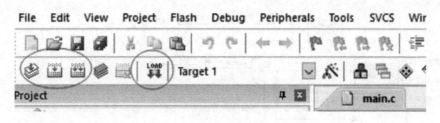

图 1.18

 1.1.3 STM32F4 的时钟和外设时钟

1. STM32F4 的时钟

STM32F4 芯片为了实现低功耗，设计了一个功能完善但却非常复杂的时钟系统。总体来说，STM32 的时钟树走向清晰，电路结构如图 1.19 所示。

STM32F4 有以下 4 个时钟源。

（1）高速外部时钟（HSE）。以外部晶振作时钟源，晶振频率可取范围为 4～26MHz，一般采用 8MHz 的晶振。

（2）高速内部时钟（HSI）。由内部 RC 振荡器产生，频率为 16MHz，但不稳定。

（3）低速外部时钟（LSE）。以外部晶振作时钟源，主要提供给实时时钟模块，所以一般采用 332.768kHz。实验板上用的是 32.768kHz、6p 负载规格的晶振。

（4）低速内部时钟（LSI）。由内部 RC 振荡器产生，也主要提供给实时时钟模块，频率大约为 32kHz。

（5）PLL（Phase Locking Loop，锁相环）倍出：生成最高 168MHz 的时钟是由 HSE 和 HIS 时钟分频得到的（分频因子为 M）。它是将频率倍频、分频至所需的频率（×N：倍频因子；/P、/Q、/R：分频因子）。假设倍频、分频因子的数值分别如下。

$M = 4$

$N = 360$

$P = 4$

$Q = 15$

则假设为 HSE 时钟，即板载外部晶振时钟为 8MHz，有以下结果。

经过/M 分频，8/4 = 2MHz。

经过×N 倍频，2×360 = 720MHz。

经过/P 分频，720/4 = 180MHz。

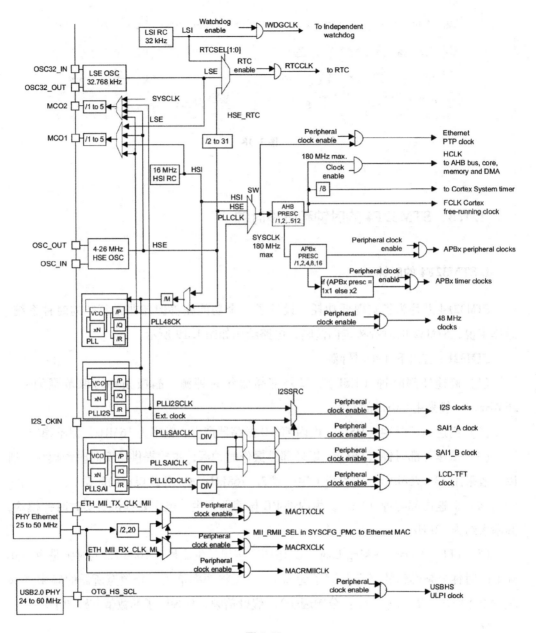

图 1.19

经过 $/Q$ 分频，$720/15 = 48\,\mathrm{MHz}$。

得到 $48\,\mathrm{MHz}$ 系统时钟。

2. 外设时钟

STM32F4 外设的时钟源自两个总线桥，即 APB1 和 APB2。时钟源具体分配如表 1.2 所示。其中 APB1 是低速总线（最高为 $42\,\mathrm{MHz}$），APB2 是高速总线（最高为

84MHz）。AHB 一般为系统时钟的 1 分频 168MHz，APB1 为系统时钟的 4 分频 42MHz，APB2 为系统时钟的 2 分频 84MHz。

以 APB1 为例，假设系统时钟是 168MHz，APB1 分频系数为 4（system_stm32f4xx. c 配置），则 APB1 速度为 42MHz，但是挂靠在该总线上的定时器 3，由于分频系数是 4 而不是 1，因此定时器输入频率为 42MHz×2＝84MHz。

表 1.2

外设	APB2/APB2
UART8	APB1
UART7	
DAC	APB1
PWR	
CAN2	
CAN1	
I2C3	
I2C2	
I2C1	
UART5	
UART4	
USART3	
USART2	
I2S2ext	
IWDG	
WWDG	
RTC&BKP 寄存器	
TIM14	
TIM13	
TIM12	
TIM7	
TIM6	
TIM5	
TIM4	
TIM3	
TIM2	

外设	APB2/APB2
SP16	APB2
SP15	
TIM11	APB2
TIM10	
TIM9	
EXTI	
SYSCFG	
SP14	APB2
SP11	APB2
SDIO	
ADC1 – ADC2 – ADC3	
USART5	
USART1	
TIM8	
TIM1	

注意：对于定时器来说，如果系统定义了所在总线（APB1/APB2）的分频系数为1，就不倍频；如果不为1（如2/4/8/16），就2倍频（Fabpx×2）后作为定时器时钟输入。

1.2 GPIO "闪灯" 实验

 目 的

- "STM32实验平台一"为本教材中的实验提供了丰富的硬件资源。操作GPIO同时点亮8个LED灯，再同时熄灭。重复此过程，形成LED闪烁的效果。

1.2.1 原理介绍

GPIO（General Purpose Input Output，通用输入/输出）是 STM32 最基础、最常用的配置。STM32F407 将引脚分成了 GPIO PORT A、B、C、D、E、F、G、H、I 等 9 组，每组有 15 个引脚。

STM32F4 的 GPIO 有 8 种工作模式。其中，有 4 种输入模式，即输入浮空、输入上拉、输入下拉、模拟模式；有 4 种输出模式，即开漏输出、开漏复用输出、推挽输出、推挽复用输出。

1. 输入模式

输入上拉和输入下拉模式中，IO 端口经过上拉、下拉后通过施密特触发器送入内核；模拟模式下，施密特触发器关闭，信号直接通过模拟通道至片上外设；输入浮空模式下，IO 端口既不上拉也不下拉，信号通过施密特触发器送到输入数据寄存器，再送入内核。

2. 输出模式

开漏输出模式下，当信号为 1 时，N-MOS 管关闭，IO 电平受上、下拉电路的控制；当信号为 0 时，N-MOS 管导通，输出下拉低电平。推挽输出模式下，信号为 1 时，P-MOS 管导通，N-MOS 管截止，输出上拉高电平；当信号为 0 时，P-MOS 管截止，N-MOS 管导通，输出下拉低电平。

3. 复用模式

为了节省 IO 资源，更好地协调 IO 之间的工作，需要在适当的时候给 IO 口赋予不同的功能，这样，一个 IO 口在不同的场合可以承担不同的工作，即 IO 的复用功能。

通过附录 4 的"引脚功能映射表"可查看 GPIO 引脚映射及复用功能引脚映射的具体情况。

本实验通过控制 STM32F4 的 GPIO 输出状态来实现 LED 亮灭控制。要控制 GPIO 的输出状态，首先要知道 GPIO 的分布情况。表 1.2 所示为 GPIO 引脚分配表。

本节用于 LED 控制的硬件资源为 LED0～LED7（PF0～PF7），电路连接如图 1.20 所示。由于 LED 灯组是共阳极的接法，所以 GPIO 引脚输出高电平时灯灭，GPIO 引脚输出低电平时灯亮。

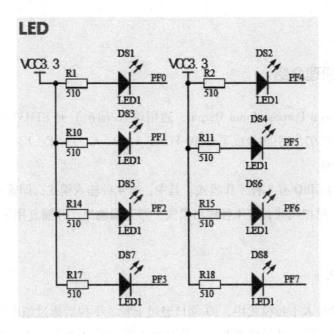

图 1. 20

1. 2. 2　编程方法

在 MDK5 环境下，通过 1. 1. 2 小节软件环境搭建的方法建立工程，可见工程区的左侧出现了本实验所需要的配置文件，如图 1. 21 所示。本教材中实验借助 STM32 固件函数库完成。使用固件函数库可以大大减少用户的程序编写时间，进而降低开发成本。

什么是固件库?

STM32 固件库是一个固件函数包，它由程序、数据结构和宏组成，包括每一个外设的驱动描述和应用实例，为开发者访问底层硬件提供了一个中间 API，通过使用固件函数库，无须深入掌握底层硬件细节，开发者就可以轻松应用每一个外设。

每个外设驱动都由一组函数组成，这组函数覆盖了该外设所有功能。每个器件的开发都由一个通用 API（Application Programming Interface，应用编程界面）驱动，API 对该驱动程序的结构、函数和参数名称都进行了标准化。

在图 1.21 中，stm32f4xx_ gpio.c 和 stm32f4xx_ rcc.c 是 ST 官方提供的固件库函数。在固件库中，每个外设的源文件 stm32f4xx_ ppp.c 都对应一个头文件 stm32f4xx_ ppp.h。可根据工程需要添加和删除相应的 stm32f4xx_ ppp.h。

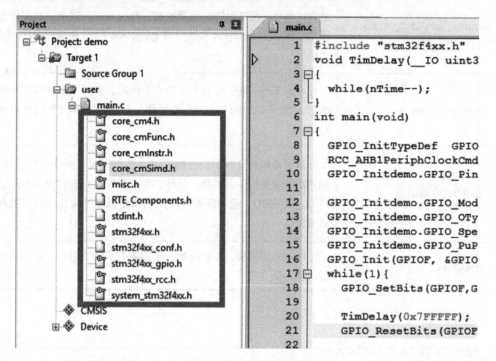

图 1.21

另外，工程中还包含固件库移植时 CMSIS 文件夹中的重要源文件，如表 1.3 所列。

表 1.3

文件名	功能
core_ cm4.h	内核功能的定义，如 NVIC 相关寄存器的结构体和 Systick 配置。在 CMSIS/Include 中
core_ cmFunc.h	内核核心功能接口头文件。在 CMSIS/Include 中
core_ cmInstr.h	包含与编译器相关的处理。在 CMSIS/Include 中
core_ cmSimd.h	包含与编译器相关的处理。在 CMSIS/Include 中
stm32f4xx.h	包含了 stm32f4 的寄存器结构体的定义（类似于 c51 的 reg52.h）。在 CMSIS \ Device \ ST \ STM32F4xx \ Include 中
system_ stm32f4xx.h	system_ stm32f4xx.c 的头文件。在 CMSIS \ Device \ ST \ STM32F4xx \ Include 中

续表

文件名	功能
startup_ stm32f40_ 41xxx. s	启动文件：设定 SP 的初始值；设置 PC 的初始值；设置中断向量表的地址；配置时钟；设置堆栈；调用 main。这个启动文件先调用 system_ stm32f4xx. c 里面的 systeminit（），在调用 main（）之前
stm32f4xx_ ppp. h	外设头文件。这里的 ppp 只是一个代码，实际上是具体的外设名字，如 ADC、DMA 等。在实际使用时根据所需的外设选择性移植
stm32f4xx_ conf. h	外设驱动配置文件。通过修改该文件中所包含的外设头文件，用户启动或禁用外设驱动。此外，在此文件夹打开宏定义 USE_ FULL_ ASSERT，通过预处理启用或禁用标准外设库运行时的故障检测
stm32f4xx_ it. c	中断源程序模板，中断函数的名称要与启动文件中中断向量表的名称一致

在 main. c 中，编写代码如下。

```
1. #include "stm32f4xx. h"
2. void TimDelay( __IO uint32_t nTime)
3. {
4. while(nTime -- );
5. }
6.
7. int main(void)
8. {
9.    //GPIO_InitTypeDef 是 GPIO 初始化结构体
10.   GPIO_InitTypedef GPIO_Initdemo;
11.
12.   //开启 GPIOF 时钟
13.   RCC_AHB1PeriphClockCmd( RCC_AHB1Periph_GPIOF, ENABLE);
14.
15.   //初始化 LED 对应的 GPIO
```

```
16.  GPIO_Initdemo. GPIO_Pin = GPIO_Pin_0 | GPIO_Pin_1 |
17.                           GPIO_Pin_2 | GPIO_Pin_3 |
18.                           GPIO_Pin_4 | GPIO_Pin_5 |
19.                           GPIO_Pin_6 | GPIO_Pin_7;
20.  GPIO_Initdemo. GPIO_Mode = GPIO_Mode_OUT;//设置为输出模式
21.  GPIO_Initdemo. GPIO_OType = GPIO_OType_PP;//推挽输出
22.  GPIO_Initdemo. GPIO_Speed = GPIO_Speed_100MHz;//100MHz
23.  GPIO_Initdemo. GPIO_PuPd = GPIO_PuPd_UP;//上拉
24.  GPIO_Init(GPIOF,&GPIO_Initdemo);
25.
26.  while(1)
27.  {
28.      //IO 置位灭灯
29.      GPIO_SetBits(GPIOF,GPIO_Pin_0 | GPIO_Pin_1 |
30.      GPIO_Pin_2 | GPIO_Pin_3 |
31.      GPIO_Pin_4 | GPIO_Pin_5 |
32.      GPIO_Pin_6 | GPIO_Pin_7);
33.      TimDelay(0x7FFFFF);
34.      //IO 清零亮灯
36.      GPIO_ResetBits(GPIOF,GPIO_Pin_0 | GPIO_Pin_1 |
37.      GPIO_Pin_2 | GPIO_Pin_3 |
38.      GPIO_Pin_4 | GPIO_Pin_5 |
39.      GPIO_Pin_6 | GPIO_Pin_7);
40.      TimDelay(0x7FFFFF);
41.  }
42. }
```

代码分析如下。

（1）开启外设时钟是外设工作的基本条件之一。STM32F407 芯片的系统时钟结构可参考 ST 官方发布的《STM32F4 中文参考手册》。如图 1.22 所示，所有 GPIO*X*（*X* = A、…、I）的时钟是由 AHB1 总线提供的。调用 RCC_ AHB1PeriphClockCmd（RCC_ AHB1Periph_ GPIOF, ENABLE）函数，用以开启 GPIOF 的工作时钟。

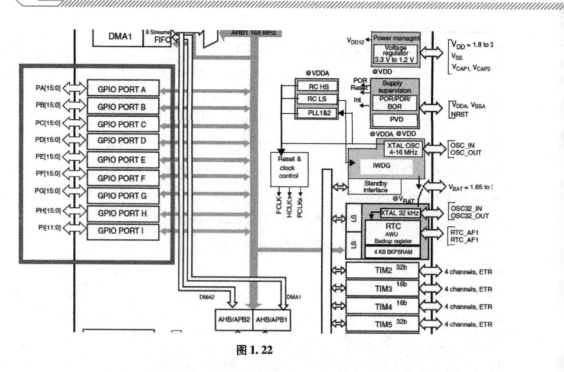

图 1.22

（2）在"stm32f4xx_gpio.h"头文件里包含了 GPIO 配置的所有信息，GPIO_Init-TypeDef 是 GPIO 初始化结构体。定义一个 InitTypeDef 的对象 GPIO_Initdemo 来配置满足要求的 GPIO。

```
1. typedef struct//GPIO 初始化结构体
2. {
3.    uint32_t GPIO_Pin;
4.    GPIOMode_Typedef GPIO_Mode;
5.    GPIOSpeed_Typedef GPIO_Speed;
6.    GPIOOType_Typedef GPIO_OType;
7.    GPIOPuPd_Typedef GPIO_PuPd;
8. }GPIO_InitTypeDef;
```

（3）通过 GPIO_Initdemo.GPIO_Pin 选择所需要的引脚。本实验使用 PF0 ~ PF7。

（4）通过 GPIO_Initdemo.GPIO_Mode 选择引脚的工作模式。"stm32f4xx_gpio.h"的头文件中可见 STM32 引脚的工作模式共有 4 种，分别是 GPIO 输入模式 GPIO_Mode_IN、GPIO 输出模式 GPIO_Mode_OUT、GPIO 复用模式 GPIO_Mode_AF 和 GPIO 模拟模式 GPIO_Mode_AN。本实验选择 GPIO_Mode_OUT 模式。

（5）通过 GPIO_Initdemo.GPIO_Speed 配置 GPIO 的频率或速度。芯片共提供了 4 种速度模式，即 GPIO_Speed_2MHz、GPIO_Speed_25MHz、GPIO_Speed_50MHz

和 GPIO_ Speed_ 100MHz。

（6）通过 GPIO_ Initdemo. GPIO_ PuPd 配置输出形式。输出形式共有两种，即推挽输出 PP 和开漏输出 OD。欲知推挽输出和开漏输出的区别请扫描二维码。

（7）调用 GPIO 初始化函数 GPIO_ Init（GPIOF, &GPIO_ Initdemo），可将选中的端口信息和结构体变量中的信息传递给初始化函数 GPIO_ Init（GPIOF, &GPIO_ Init-demo），以完成 GPIO 的初始化。

（8）调用 GPIO_ SetBits（GPIOF, GPIO_ Pin_ 0 | GPIO_ Pin_ 1 | GPIO_ Pin_ 2 | GPIO_ Pin_ 3 | GPIO_ Pin_ 4 | GPIO_ Pin_ 5 | GPIO_ Pin_ 6 | GPIO_ Pin_ 7），用于将所选引脚电平置高，从而达到灭灯的效果。

（9）调用 GPIO_ ResetBits（GPIOF, GPIO_ Pin_ 0 | GPIO_ Pin_ 1 | GPIO_ Pin_ 2 | GPIO_ Pin_ 3 | GPIO_ Pin_ 4 | GPIO_ Pin_ 5 | GPIO_ Pin_ 6 | GPIO_ Pin_ 7），用于将所选引脚电平置低，从而达到亮灯的效果。

1.2.3 实验现象

8 个 LED 灯循环地点亮，再熄灭。

 **作 业**

1 建立本实验工程，并下载到实验平台观察对应效果

2 采用寄存器位操作的方法轮流点亮 LED0 ~ LED7，并不断循环

3 利用实验平台上的蜂鸣器 BEEP，设计一个报警的程序。BEEP 每 0.5s 响一次

4 本节难度调查请扫

1.3 GPIO 寄存器的位操作

MDK ARM 强大的编译环境使 STM32 库函数开发成为多数初学者的选择，但是与寄存器操作相比，库函数开发的效率较低，且不利于进行灵活的位操作控制。

ST 官方提供了《STM32F4 中文参考手册》，其中对于各寄存器有详细说明。每一个通用的 IO 端口都包括 4 个 32 位的配置寄存器，即 GPIOx_ MODER、GPIOx_ OTYPER、GPIOx_ OSPEEDR 和 GPIOx_ PUPDR；两个 32 位的数据寄存器，即 GPIOx_ IDR 和 GPIOx_ ODR；一个 32 位置位/复位寄存器 GPIOx_ BSRR；一个 32 位锁定寄存器 GPIOx_ LCKR；两个 32 位复用功能选择寄存器 GPIOx_ AFRL。通过参考手册中存储器映像的说明，可以看出 STM32 寄存器各个外设的基地址，基地址加上相应的偏移量就是实际需要的寄存器地址。

工程中的头文件 stm32f4xx. h，直接将 GPIO 的寄存器写进构造结构体，读者可以直接修改寄存器的内容进行操作。比如，stm32f4xx. h 声明了外设宏 GPIOB，代码如下：

```
#define GPIOB            ((GPIO_Typedef * )GPIOB_BASE)
```

同时又构造了 GPIOB 的寄存器，代码如下：

```
1.  typedef struct
2.  {
3.  int CRL;
4.  int CRH;
5.  int IDR;
6.  int ODR;
7.  int BSRR;
8.  int BRR;
9.  int LCKR;
10. }GPIO_TypeDef;
```

那么，在程序中可以用指针的方式直接操作 GPIOB 的各寄存器。比如：

```
GPIOB - >ODR =0XFFFF;//端口置位。
```

借助此法，1.2 节例程中的 25 ~33 行可以用寄存器如下方式来编写：

```
1. while(1)
2. {
3.    //IO 引脚置位灭灯
4.    GPIOF - >ODR |=0x00ff;
5.    TimDelay(0x7FFFFF);
6.
7.    //IO 引脚清零亮灯
8.    GPIOF - >ODR & = ~0x00ff;
9.    TimDelay(0x7FFFFF);
10. }
```

作 业

1　建立本实验工程，并下载到实验平台观察对应效果

2　使用寄存器控制方法，轮流点亮 LED0 ~ LED7

3　本节难度调查请扫

1.4　SYSTICK "定时" 实验

目 的

● STM32F4 内部包含了一个系统定时器 SYSTICK，SYSTICK 是 24 位的倒计数定时器，当计到 0 时，将从 RELOAD 寄存器中自动重装载定时初值。本实验利用 SYSTICK 系统定时器，每隔 1s 翻转一次 LED0 当前的状态。

1.4.1 原理介绍

STM32F4 除了有 14 个定时器外，还提供了一个系统定时器 SYSTICK。事实上，所有基于 ARM Cortex_ M3、Cortex_ M4 内核的控制器都带有 SYSTICK 定时器，这就利于程序在不同的器件之间移植。

SYSTICK 定时器是 24 位的倒计数器。SYSTICK 定时器常用来作延时，采用实时系统时则用来作系统时钟。寄存器 RELOAD 保留倒计数的初始值。

假设 RELOAD=999，那么当倒数至 0 时，会自动复位为 999 继续倒数。

配置 SYSTICK 可以调用 SysTick_ Config（）函数。SysTick_ Config（）是 CMSIS 里的函数，SysTick_ Config（）里调用 SysTick_ CLKSourceConfig（）设置定时器时钟源为 HCLK/8。

另外，SYSTICK 中断程序不受用户程序随意访问的打扰。

1.4.2 编程方法

本实验采用 SYSTICK 系统定时器生成精准的 1s 定时和周期性中断。

（1）新建 led. c，并初始化 LED0 的 GPIO。

```
1. void LED_Init(void)
2. {
3.   GPIO_InitTypedef GPIO_InitStructure;
4.
5.   RCC_AHB1PeriphClockCmd(RCC_AHB1Periph_GPIOF,ENABLE);
6.   GPIO_InitStructure. GPIO_Pin =GPIO_Pin_0;
7.   GPIO_InitStructure. GPIO_Mode =GPIO_Mode_OUT;
8.   GPIO_InitStructure. GPIO_OType =GPIO_OType_PP;
9.   GPIO_InitStructure. GPIO_Speed =GPIO_Speed_100MHz;
10.   GPIO_InitStructure. GPIO_PuPd =GPIO_PuPd_UP;
11.   GPIO_Init(GPIOF,&GPIO_InitStructure);
12.   GPIO_InitStructure. GPIO_Pin =GPIO_Pin_0;
```

```
13.  GPIO_Init(GPIOF,&GPIO_InitStructure
14. };
```

（2）新建 systick. c。调用 SysTick_ Init（void），启动 SYSTICK 系统定时器，设置中断间隔为1μs。

```
1. void SysTick_Init(void)
2. {
3.   /* SystemFrequency/1000   1ms 中断一次
4.   * SystemFrequency/100000   10μs 中断一次
5.  * SystemFrequency/1000000   1μs 中断一次
6.   * /
7.   //设置 SysTick 时钟,并使能中断
8.   if(SysTick_Config(SystemCoreClock/1000000 *
9.                    SYSTICKINTERVAL))
10.  {
11.                /* Capture error * /
12.                while(1);
13.  }
14. }
```

（3）设计中断服务函数 SysTick_ Handler（void）与延时函数 TimingDelay_ Decrement（void）。

```
1. void SysTick_Handler(void)
2. {
3.   TimingDelay_Decrement();
4. }
```

TimingDelay_ Decrement（void）在每次中断来临时被调用一次，TimingDelay 自动减1。

```
1. void TimingDelay_Decrement(void)
2. {
3.   if(TimingDelay!=0x00)
4.   {
5.      TimingDelay -- ;
```

```
6.    }
7. }
```

（4）新建 main.c。在主函数中，初始化所需要的外设。在主循环中实现 LED 的翻转。翻转速度由 Delay_ us1 函数的参数决定。通过 Delay_ us1 函数确定延时时间为 $1\mu s * 1000000 = 1s$。

```
1. int main(void)
2. {
3.    SysTick_Init();
4.    LED_Init();
5.    while(1)
6.    {
7.      GPIOF - >ODR^ =0x0001;//翻转 LED0
8.      Delay_us1(1000000);//设定给定时间1000ms,即 1s
9.    }
10. }
```

1μs 延时的代码如下：

```
1. void Delay_us1( __IO u32 nTime)
2. {
3.    //倒计时时间参数
4.    TimingDelay = nTime;
5.
6.    //使能 SysTick
7.    SysTick - >CTRL |= SysTick_CTRL_ENABLE_Msk;
8.    while(TimingDelay!=0);//给定时间到时才跳出循环
9. }
```

1.4.3   实验现象

LED0 灯每隔 1s 翻转一次当前的状态。

作 业

1 建立本实验工程，并下载到实验平台观察对应效果

2 如果 SYSTICK 每 $10\mu s$ 中断一次，本节例程应如果改写

3 本节难度调查请扫

1.5 EXTI "按键" 实验

目 的

- KEY0 ~ KEY3 分别接在 PB0 ~ PB3 上。KEY0 是高电平有效，KEY1 ~ KEY3 是低电平有效。本节利用外部中断 EXTI0 ~ EXTI3 来捕捉 KEY0 ~ KEY3 上的触发信号（上/下边沿），并设计一套完整的消息驱动机制。

1.5.1 原理介绍

外部中断/事件控制器（EXTI）包含多达 23 个用于产生事件或中断请求的边沿检测器。每根输入线都可单独进行配置，以选择类型（中断或事件）和相应的触发事件（上升沿触发、下降沿触发或边沿触发）。

多达 140 个 GPIO（STM32F405xx/07xx 和 STM32F415xx/17xx）通过图 1.23 所示的方式连接到 16 个外部中断/事件线。

实验平台中，KEY0 ~ KEY3 与 PC0 ~ PC3 相连，如图 1.24 所示。若使用外部中断来捕捉 KEY0 ~ KEY3 上的触发信号（上/下边沿），需要对 EXTI0 ~ EXTI3 这 4 个外部中断进行配置和初始化，以满足本实验要求。

SYSCFG_EXTICR1寄存器的中EXTI0[3:0]位

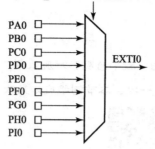

SYSCFG_EXTICR1寄存器的中EXTI1[3:0]位

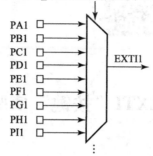

SYSCFG_EXTICR4寄存器的中EXTI15[3:0]位

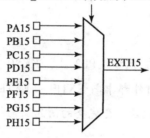

图1.23

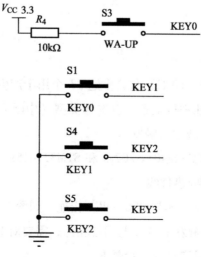

图1.24

1.5.2 编程方法

（1）新建 exti. c 文件。开启 GPIO、EXTI、SYSTICK 的时钟。

（2）初始化需要用到的 GPIO 端口。

（3）配置 EXTI 中断、中断线路并初始化。

```
1. void EXTIX_Init(void)
2. {
3.    NVIC_InitTypedef  NVIC_InitStructure;
4.    EXTI_InitTypedef  EXTI_InitStructure;
5.
6.    //输入端 GPIOC0~3 初始化
7.    GPIO_InitTypeDef  GPIO_InitStructure;
8.    //打开 GPIOC 时钟
9.    RCC_AHB1PeriphClockCmd(RCC_AHB1Periph_GPIOC,ENABLE);
10.   GPIO_InitStructure. GPIO_Pin =GPIO_Pin_1 |GPIO_Pin_2 |GPIO_Pin_3;
11.   GPIO_InitStructure. GPIO_Mode =GPIO_Mode_IN;//输入
12.   GPIO_InitStructure. GPIO_Speed =GPIO_Speed_100MHz;//100M
13.   GPIO_InitStructure. GPIO_PuPd =GPIO_PuPd_UP;//上拉
14.
15.   GPIO_InitStructure. GPIO_Pin =GPIO_Pin_0;
16.   GPIO_InitStructure. GPIO_PuPd =GPIO_PuPd_DOWN;//下拉
17.   GPIO_Init(GPIOC,&GPIO_InitStructure);
18.
19.   //打开 EXTI 时钟
20.   RCC_APB2PeriphClockCmd(RCC_APB2Periph_SYSCFG,ENABLE);
21.
22.   //配置中断线至 PC0、PC1、PC2、PC3
23.   SYSCFG_EXTILineConfig(EXTI_PortSourceGPIOC,EXTI_PinSource0);
24.   SYSCFG_EXTILineConfig(EXTI_PortSourceGPIOC,EXTI_PinSource1);
25.   SYSCFG_EXTILineConfig(EXTI_PortSourceGPIOC,EXTI_PinSource2);
```

```
26.    SYSCFG_EXTILineConfig(EXTI_PortSourceGPIOC,EXTI_PinSource3);
27.
28.    //配置触发模式
29.    EXTI_InitStructure.EXTI_Line =
30.              EXTI_Line0 | EXTI_Line1 |EXTI_Line2 | EXTI_Line3;
31.    EXTI_InitStructure.EXTI_Mode =EXTI_Mode_Interrupt;//外部触发
32.    EXTI_InitStructure.EXTI_Trigger =EXTI_Trigger_Falling;
       //下降沿有效
33.    EXTI_InitStructure.EXTI_LineCmd =ENABLE;//中断线使能
34.    EXTI_Init(&EXTI_InitStructure);//初始化EXTI
35.
36.    //配置中断优先级
37.    NVIC_InitStructure.NVIC_IRQChannel =EXTI0_IRQn;
38.    NVIC_InitStructure.NVIC_IRQChannelPreemptionPriority =0x00;
39.    NVIC_InitStructure.NVIC_IRQChannelSubPriority =0x02;
40.    NVIC_InitStructure.NVIC_IRQChannelCmd =ENABLE;
41.    NVIC_Init(&NVIC_InitStructure)
42.
43.    NVIC_InitStructure.NVIC_IRQChannel =EXTI1_IRQn;
44.    NVIC_InitStructure.NVIC_IRQChannelPreemptionPriority =0x03;
45.    NVIC_InitStructure.NVIC_IRQChannelSubPriority =0x02;
46.    NVIC_InitStructure.NVIC_IRQChannelCmd =ENABLE;
47.    NVIC_Init(&NVIC_InitStructure);
48.
49.    NVIC_InitStructure.NVIC_IRQChannel =EXTI2_IRQn;
50.    NVIC_InitStructure.NVIC_IRQChannelPreemptionPriority =0x02;
51.    NVIC_InitStructure.NVIC_IRQChannelSubPriority =0x02;
52.    NVIC_InitStructure.NVIC_IRQChannelCmd =ENABLE;
53.    NVIC_Init(&NVIC_InitStructure);
54.
55.    NVIC_InitStructure.NVIC_IRQChannel =EXTI3_IRQn;
```

```
56.  NVIC_InitStructure.NVIC_IRQChannelPreemptionPriority=0x01;
57.  NVIC_InitStructure.NVIC_IRQChannelSubPriority=0x02;
58.  NVIC_InitStructure.NVIC_IRQChannelCmd=ENABLE;
59.  NVIC_Init(&NVIC_InitStructure);
60. }
```

（4）设计相应的 EXTI0_ IRQHandler ~ EXTI3_ IRQHandler 中断函数。EXTI_ Get-ITStatus 检测中断标志位是否置位。如有置位，通过 GPIO_ ReadInputDataBit 函数判定当前按键状态，通过 keyID 将按键消息传递给整个工程。中断任务完成后，设置并清除中断标志位。

```
1. //main.c 的外部异步变量 keyID,传递给 main.c 用于消息处理
2. u8 volatile keyID=0;
3. //EXTI0 中断服务函数
4. void EXTI0_IRQHandler(void)
5. {
6.   delay_ms(10);//10ms 延时消抖
7.   if(KEY0 = =1)
8.   {
9.     keyID=0;//KEY0 的消息 ID
10.  }
11.  EXTI_ClearITPendingBit(EXTI_Line0);//消除中断标志位
12. }
13.
14. //EXTI10 中断服务函数
15. void EXTI1_IRQHandler(void)
16. {
17.  delay_ms(10);//10ms 延时消抖
18.  if(KEY1 = =1)
19.  {
20.    GPIOF - >ODR ^ =0x0002;//翻转 LED1
21.    keyID=2;//KEY1 的消息 ID
22.  }
```

```
23.    EXTI_ClearITPendingBit(EXTI_Line1);//消除中断标志位
24. }
25.
26. //EXTI2 中断服务函数
27. void EXTI2_IRQHandler(void)
28. {
29.    delay_ms(10);//10ms 延时消抖
30.    if(KEY2 = =1)
31.    {
32.      GPIOF - >ODR ^ =0x0004;//翻转 LED2
33.      keyID =3;//KEY2 的消息 ID
34.    }
35.    EXTI_ClearITPendingBit(EXTI_Line2);//消除中断标志位
36. }
37.
38. //EXTI3 中断服务函数
39. void EXTI3_IRQHandler(void)
40. {
41.    delay_ms(10);//10ms 延时消抖
42.    if(KEY3 = =1)
43.    {
44.      GPIOF - >ODR ^ =0x0008;//翻转 LED3
45.      keyID =4;//KEY3 的消息 ID
46.    }
47.    EXTI_ClearITPendingBit(EXTI_Line3);//消除中断标志位
48. }
```

（5）在主函数中，对 exti. c 中捕捉的消息进行处理。

```
1. extern volatile u8 keyID;
2. int main(void)
3. {
4.    NVIC_PriorityGroupConfig(NVIC_PriorityGroup_2);
```

```
5.  SysTick_Init();
6.  LED_Init();
7.  EXTIX_Init();
8.
9. while(1)//按键消息处理
10. {
11.     switch(keyID)
12.     {
13.         case 1:
14.             GPIOF->ODR^=0x0001;//翻转 LED0
15.         break;
16.
17.         case 2:
18.             GPIOF->ODR^=0x0002;//翻转 LED1
19.         break;
20.
21.         case 3:
22.             GPIOF->ODR^=0x0004;//翻转 LED2
23.         break;
24.
25.         case 4:
26.             GPIOF->ODR^=0x0008;//翻转 LED3
27.         break;
28.
29.         default:
30.             break;
31.     }
32.     keyID=0;//消息变量清零
33. }
34.
35. }
```

1.5.3 实验现象

按下 KEY0 键，LED0 状态发生一次翻转。

按下 KEY1 键，LED1 状态发生一次翻转。

按下 KEY2 键，LED2 状态发生一次翻转。

按下 KEY3 键，LED3 状态发生一次翻转。

作 业

1 建立本实验工程，完成基于 EXTI 的按键消息处理任务

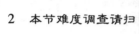

2 本节难度调查请扫

1.6 常用固件库函数

本单元主要固件库函数如表 1.4 所列。

表 1.4

数名	函数功能
RCC_ APB2PeriphClockCmd	使能或者失能 APB2 外设时钟
GPIO_ Init	根据 GPIO_ InitStruct 中指定的参数初始化外设 GPIOx 寄存器
GPIO_ ReadInputDataBit	读取指定端口管脚的输入
GPIO_ SetBits	设置指定的数据端口位
GPIO_ ResetBits	清除指定的数据端口位
SysTick_ CLKSourceConfig	设置 SysTick 时钟源
SysTick_ ITConfig	使能或者失能 SysTick 中断

续表

数名	函数功能
EXTI_ Init	根据 EXTI_ InitStruct 中指定的参数初始化外设 EXTI 寄存器
EXTI_ GetFlagStatus	检查指定的 EXTI 线路标志位设置与否
EXTI_ ClearFlag	清除 EXTI 线路挂起标志位
EXTI_ GetITStatus	检查指定的 EXTI 线路触发请求发生与否
EXTI_ ClearITPendingBit	清除 EXTI 线路挂起位

1.7　项目1："简易电子街灯"的设计

1.7.1　方案设计

利用 LED0～LED7 一串 LED 组模拟一个简易电子街灯的显示效果。亮灯效果由 3 个因素控制，即流动的方向（左/右）、流动的速度（快/慢）、显示的图案（图案库中有 5 个图案，如图 1.25 所示）。

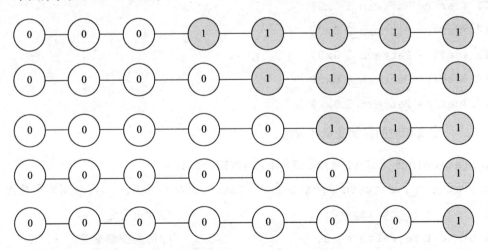

图 1.25　5 种不同的显示图案（0 表示 LED 亮、1 表示 LED 灭）

按下 KEY0 键，开/关。开机后，显示默认图案（图案 1），图案向上流动。

按下 KEY1 键，切换方向。图案向相反的方向流动，并保持原速度和图案。

按下 KEY2 键，切换速度。图案流动速度在快/慢两挡之间切换，并保持原方向和图案。

按下 KEY3 键，切换图案。切换到图案库中的下一个图案，并保持原方向和速度。

1.7.2 关键代码

（1）以 1.5 节 EXTI 工程作为本项目的工程模板，在此基础上添加项目程序代码。

（2）设置流动的方向（上/下）、流动的速度（快/慢）、显示的图案（图案库中 5 个图案）。

```
1. /* 设置流动速度 */
2. #define HIGHSPEED 200
3. #define LOWSPEED  1000
4.
5. /* 设置流动方向 */
6. #define LIGHTLEFT   （PatternType < <1 |PatternType > >7)
7. #define LIGHTRIGHT  （PatternType > >1 |PatternType < <7)
8.
9. /* 设置图形库,0 表示 LED 亮,1 表示 LED 灭 */
10. #define PATTERNNUM 5
11. #define Pattern_1 0x01
12. #define Pattern_2 0x03
13. #define Pattern_3 0x07
14. #define Pattern_4 0x0F
15. #define Pattern_5 0x1F
```

（3）定义相应的控制变量和数组。

```
1. staticuint8_t KeyPatternType[PATTERNNUM] =
2. {Pattern_1,Pattern_2,Pattern_3,Pattern_4,Pattern_5};//图案库数组
3. uint8_t LightFlag = 0;                        //开关变量
4. uint8_t KeyPattern = 0;                       //图案控制变量
5. uint8_t DirectionFlag = 0;                    //方向控制变量
6. uint8_t SpeedFlag = 0;                        //速度控制变量
7. uint8_t PatternType = Pattern_1;              //图案内容变量
```

（4）外设初始化。

（5）消息处理与动作控制。

```
1. while(1)
2. {
3.    /* 消息处理 */
4.    switch(KeyID)
5.    {
6.        case 1:LightFlag = ~LightFlag;  //切换开关状态
7.                            break;
8.        case 2:DirectionFlag = ~DirectionFlag;//切换方向状态
9.                            break;
10.        case 3:SpeedFlag = ~SpeedFlag;//切换速度状态
11.                            break;
12.        case 4:
13.            if(KeyPattern = = PATTERNNUM){KeyPattern =0;}
14.            PatternType =KeyPatternType[KeyPattern + +];
15.            //通过控制选择下一个显示图案
16.                            break;
17.        }
18.    KeyID =0;//清零,等待新的消息
19.
20.    /* 开灯状态下 */
21.    if(LightFlag)
22.    {
23.        /* 控制方向 */
24.        if(DirectionFlag)
25.            PatternType =LIGHTLEFT;//向上
26.        else
27.            PatternType =LIGHTRIGHT;//向下
28.
29.        GPIOF - >ODR = ~(PatternType);
30.        /* 控制速度 */
```

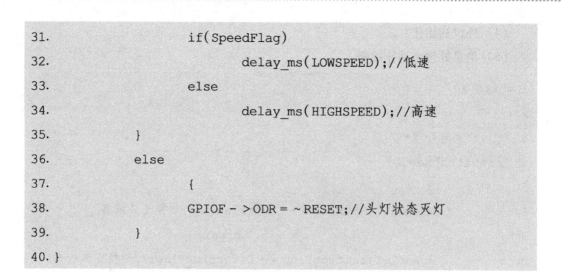

```
31.             if(SpeedFlag)
32.                 delay_ms(LOWSPEED);//低速
33.             else
34.                 delay_ms(HIGHSPEED);//高速
35.         }
36.         else
37.         {
38.             GPIOF - >ODR = ~RESET;//头灯状态灭灯
39.         }
40. }
```

1.7.3 实验现象

按下 KEY0 键，开/关。开机后，显示默认图案（图案1），图案向上流动。

按下 KEY1 键，切换方向。图案向相反的方向流动，并保持原速度和图案。

按下 KEY2 键，切换速度。图案流动速度在快/慢两挡之间切换，并保持原方向和图案。

按下 KEY3 键，切换图案。切换到图案库中的下一个图案，并保持原方向和速度。

 作 业

1 建立本项目工程，并下载到实验平台观察对应效果

2 思考：如果是 LED 矩形阵列，该如何改写程序

3 本节难度调查请扫

单元 2

渐入佳境（串口/实时时钟）

2.1 串口 USART "回声" 实验

目 的

- 学习串口 USART 的工作原理和编程方法，利用 USART1 实现 PC 与实验平台的串口数据通信。
- PC 端通过串口 USART1 发送字符串 "Hello!" 到实验平台。
- 实验平台收到后，将相同的内容通过串口 USART1 发送回 PC 端，并显示在串口监控窗口。

2.1.1 原理介绍

串口 USART 又称通用同步/异步收发器，常用于与外部设备全双工数据交换。串口 USART 支持多种通信传输方式，可以通过小数波特率发生器提供多种波特率。

串口在实际项目应用、技术开发过程中发挥着很重要的作用。本教材案例中常使

用串口来打印程序调试信息。为了方便实验平台通过 USB 线与各类计算机通信，同时
也为节省通信引脚，实验平台中将串口的接口设计成 USB 转串口接口，如图 2.1 所示。

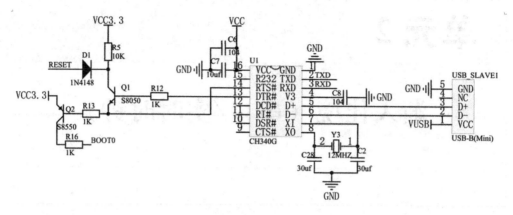

图 2.1

STM32F407xx 内嵌 4 个通用同步/异步接收器，即 USART1、USART2、USART3 和
USART6，以及两个通用异步收发器，即 UART4 和 UART5。每个串口对应的 IO 可以从
附录 4 "引脚功能映射表" 中对应找到。USART 双向通信均需要至少两个引脚，即接
收数据输入引脚（RX）和发送数据输出引脚（TX）。

"STM32 实验平台一" 中的串口 USART1 采用 USB 转 USART 连接方式，PA9 和
PA10 是串口的两个数据接口，如图 2.2 所示。

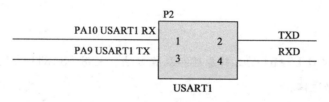

图 2.2

正常 USART 模式下，通过这些引脚以帧的形式发送和接收串行数据，并将数据存
储在数据寄存器（USART_ DR）中，如图 2.3 所示。

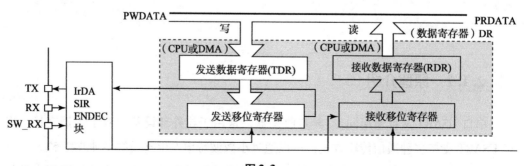

图 2.3

数据的传输需要设定好相关的数据传输协议，因此必要的参数设定是必需的。STM32 串口异步通信需要定义的参数如下。数据帧格式如图 2.4 所示。

（1）起始位。

（2）数据位（8/9 位）。

（3）奇偶校验位（第 9 位）。

（4）停止位（1，15，2 位）。

（5）波特率设置。

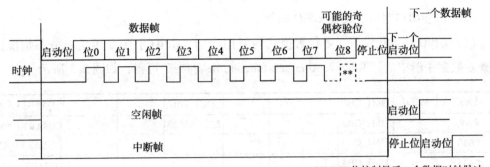

9位字长、1个停止位

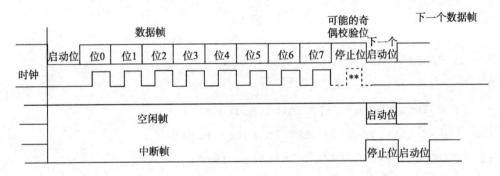

9位字长、1个停止位

图 2.4

假设，设置波特率为 115200，8 位数据，无奇偶校验位，1 位停止位，在固件函数库里是通过设置 USART_ InitStructure 结构体、调用 USART_ Init 函数实现的。

2.1.2　编程方法

（1）通过串口通信连接实验平台与 PC 机。

（2）定义串口通信的控制变量。

```
1. uint8_t data;   //接收到的数据
2. uint8_t StateFlag = UNMARK;   //状态标志,0 - 未完成,1 - 完成
3. uint8_t CompleteFlag = INCOMPLETE;   //接收完成标志
4. uint8_t DataNum = 0;//接收数据下标
5. uint8_t USART_DATA_RX[USART_LENMAX];   //接收缓冲数组
6. uint8_t i;
```

（2）使能串口时钟，使能 GPIO 时钟。

（3）GPIO 初始化设置。要设置模式为复用功能。GPIO 引脚复用功能分布情况通过查看数据手册中的"Table 7. Alternate function mapping"可得，如图 2.5 所示。

PA8	MCO1	TIM1_CH1		I2C3_SCL		USART1_CK
PA9		TIM1_CH2		I2C3_SMBA		USART1_TX
PA10		TIM1_CH3				USART1_RX
PA11		TIM1_CH4				USART1_CTS
PA12		TIM1_ETR				USART1_RTS

图 2.5

```
7. void USART_Config(uint32_t BaudRate)
8. {
9.   GPIO_InitTypeDef GPIO_InitStructure;
10.   USART_InitTypeDef USART_InitStructure;
11.   NVIC_InitTypeDef NVIC_InitStructure;
12.
13.   RCC_AHB1PeriphClockCmd(RCC_AHB1Periph_GPIOA,ENABLE);
14.   RCC_APB2PeriphClockCmd(RCC_APB2Periph_USART1,ENABLE);
15.
16.   //设置 PA9、PA10 复用功能
17.   GPIO_InitStructure.GPIO_Pin = GPIO_Pin_9 | GPIO_Pin_10;
18.   GPIO_InitStructure.GPIO_Mode = GPIO_Mode_AF;
19.   GPIO_InitStructure.GPIO_Speed = GPIO_Speed_50MHz;
20.   GPIO_InitStructure.GPIO_OType = GPIO_OType_PP;
21.   GPIO_InitStructure.GPIO_PuPd = GPIO_PuPd_UP;
```

```
22.   GPIO_Init(GPIOA,&GPIO_InitStructure);
23.
24.   //开启PA9、PA10复用功能
25.   GPIO_PinAFConfig(GPIOA,GPIO_PinSource9,GPIO_AF_USART1);
26.   GPIO_PinAFConfig(GPIOA,GPIO_PinSource10,GPIO_AF_USART1);
27.
28.   /* 串口参数配置
29.   本例中，
30.   字长(一次传送的数据长度)—8位
31.   波特率(每秒传输的数据位数)—115200bps
32.   停止位—1位
33.   还有奇偶校验位—none*/
34.   USART_InitStructure.USART_BaudRate=BaudRate;
35.   USART_InitStructure.USART_WordLength=USART_WordLength_8b;
36.   USART_InitStructure.USART_StopBits=USART_StopBits_1;
37.   USART_InitStructure.USART_Parity=USART_Parity_No;
38.    USART_InitStructure.USART_HardwareFlowControl=USART_Hard-
       wareFlowControl_None;
39.   USART_InitStructure.USART_Mode=USART_Mode_Rx|USART_Mode_Tx;
40.   USART_Init(USART1,&USART_InitStructure);
41.
42.   //开启串口
43.   USART_Cmd(USART1,ENABLE);
44.
45.   //开启串口中断
46.   USART_ITConfig(USART1,USART_IT_RXNE,ENABLE);
47.   NVIC_InitStructure.NVIC_IRQChannel=USART1_IRQn;
48.   NVIC_InitStructure.NVIC_IRQChannelPreemptionPriority=3;
49.   NVIC_InitStructure.NVIC_IRQChannelSubPriority=3;
50.   NVIC_InitStructure.NVIC_IRQChannelCmd=ENABLE;
51.   NVIC_Init(&NVIC_InitStructure);
```

```
52.
53. }
```

(5) 开启 USART1 中断并初始化 NVIC,使能 USART1 中断。

(6) 使能串口 USART1。

(7) 编写 USART1 中断处理函数用于处理数据接收。数据接收过程中处理 3 种可能,即接收成功、接收错误、数据过长。

```
1. void USART1_IRQHandler(void)
2. {
3.     if(USART_GetITStatus(USART1,USART_IT_RXNE)!=RESET)
4.     {
5.       data=USART1->DR;//读取接收数据
6.       /* 判断接收是否成功完成* /
7.       if(StateFlag==MARK)
8.       {
9.           if(data==0x0a)//换行作为数据的结尾
10.          {
11.               CompleteFlag=COMPLETE;
12.               printf("Reception has been completed\r\n");
13.          }
14.          else
15.          {
16.               StateFlag=UNMARK;
17.               printf("Data receive error,please
18.                        retransmit.\r\n");
                            //提示错误,重新发送
19.               for(i=0;i<USART_LENMAX;i++)
20.               {
21.                    USART_DATA_RX[i]=0;  //清空数组内容
22.               }
23.          }
24.       }
```

```
25.          /* 接收存储过程* /
26.          if(data = =0x0d)
27.          {
28.                  StateFlag =MARK;//接收到0d,将状态设置为MARK
29.          }
30.          else
31.          {
32.                  USART_DATA_RX[DataNum] =data;//数据保存至数组
33.                  if(USART_LENMAX = =DataNum + +)//跳到下一个字符
34.                  {
35.                          CompleteFlag =COMPLETE;
36.                          printf("Have reached maximum reception,
37.                          stop receiving. \r \n");
                            //提示内容太长
38.                  }
39.          }
40.      }
41. }
```

（8）对 printf 重定向。在 STM32 串口通信程序中使用 printf（）函数发送数据非常
方便，但需要对工程属性进行配置。

第 1 步：在 main. c 中包含"stdio. h"（标准输入输出头文件）。

第 2 步：在 usart. c 文件中重定义 fput（）C 标准库函数（printf（）在 C 标准库函
数中是一个宏，调用 fputc（））；

```
1. int fputc( int ch,FILE * f)
2. {   /* 重定义 fputc,输出到 usart* /
3.      while((USART1 - >SR&0X40) = =0);
4.      USART1 - >DR =(u8)ch;
5.      return ch;
6. }
```

（9）主程序。

```
1. int t;
```

```
2. extern uint8_t DataNum;

3. extern uint8_t USART_DATA_RX[USART_LENMAX];

4. extern uint8_t CompleteFlag;

5. int main(void)

6. {

7.      NVIC_PriorityGroupConfig(NVIC_PriorityGroup_2);

8.      delay_init(168);

9.      USART_Config(115200);

10.     LED_Init();

11.     EXTIX_Init();

12.

13.     while(1)

14.     {

15.         printf("Please input string! \r\n");delay_ms(1000);

16.         if(CompleteFlag==COMPLETE)//如果成功从串口接收

17.         {

18.             for(t=0;t<DataNum;t++)

19.             {

20.                 USART_SendData(USART1,

21.                 USART_DATA_RX[t]);  //将接收到的数据再发出去

22.                 while(USART_GetFlagStatus(USART1,

23.                     USART_FLAG_TC)!=SET);//等待发送结束

24.             }

25.             printf("\r\n\r\n");

26.             CompleteFlag=0;

27.             for(t=0;t<USART_LENMAX;t++)

28.             {

29.                 USART_DATA_RX[t]=0;//缓冲数组清空

30.             }

31.         }

32.     }

33. }
```

2.1.3 实验现象

在串口端输入"hello!"，串口端显示同样的内容"hello!"，如图2.6所示。

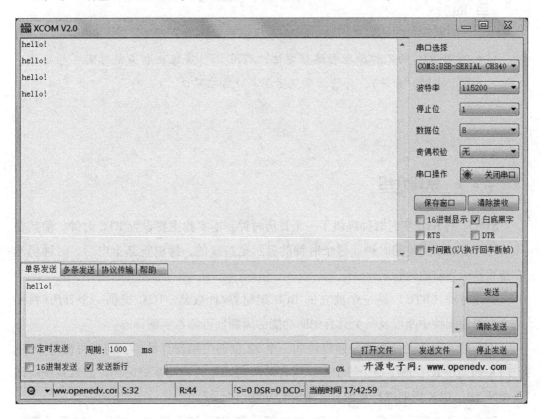

图2.6

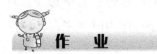

1 建立本实验工程，并下载到实验平台观察对应效果

2 PC端发送字符串给实验平台，MCU计算字符串中字符个数，再显示到PC端

3 本节难度调查请扫

2.2 RTC"实时时钟"实验

目的

● 学习 RTC 的工作原理和编程方法，利用 RTC 实现获取当前时间（包括年份、日期、小时、分钟），并将结果显示在串口监控窗口。

2.2.1 原理介绍

STM32 的 RTC 实时时钟提供了一个日历时钟。本实验主要设置 RTC 时钟，使其在串口终端上显示当前的时钟。这个时钟的显示是持续的，掉电重新上电后，时钟仍然在持续显示当前的时间。

实时时钟（RTC）是一个独立的 BCD 定时器/计数器。RTC 提供一个日历时钟、两个可编程闹钟中断以及一个具有中断功能的周期性可编程唤醒标志。

RTC 核心部分又分为预分频模块和一个 32 位的可编程计数器。前者可使每个 TR_CLK 周期中 RTC 产生一个秒中断，后者可被初始化为当前系统时间。此后系统时间会按照 TR_CLK 周期进行累加，实现时钟功能。

RTC 由两个部分组成，即 APB1 接口部分和 RTC 核心部分。RTC 时钟源（RTC-CLK）通过时钟控制器从 LSE 时钟、LSI 振荡器时钟以及 HSE 时钟三者中选择。对 RTC 的访问是通过 APB1 接口来进行的，一般来说，选择 LSE 作为时钟来源，频率为 32768Hz。

2.2.2 编程方法

（1）使能 LSI 时钟，配置 RTC 时钟。

```
1. uint8_t RTC_Config(void)//返回值:0-初始化成功,1-初始化失败
2. {
3.   RTC_InitTypeDef RTC_InitExample;
4.   uint16_t LseFlag=0XE000;
5.
6.   /* 使能时钟*/
7.   RCC_APB1PeriphClockCmd(RCC_APB1Periph_PWR,
8.                          ENABLE);
9.   /* 使能后备寄存器访问 */
10.  PWR_BackupAccessCmd(ENABLE);
11.
12.  /* LSE 开启*/
13.  RCC_LSEConfig(RCC_LSE_ON);
14.  /* 等待开启完成*/
15.  while(RCC_GetFlagStatus(RCC_FLAG_LSERDY)==RESET)
16.  {
17.    LseFlag--;
18.    delayMS(10);
19.    if(LseFlag==0)return 0;
20.  }
21.
22.  /* 设置 RTC 时钟 RTCCLK,LSE 作为 RTCCLK 时钟源 */
23.  RCC_RTCCLKConfig(RCC_RTCCLKSource_LSE);
24.
25.  /* 使能 RTC 时钟*/
26.  RCC_RTCCLKCmd(ENABLE);
27.
28.  /* RTC 初始化
29.      异步分频系数 0X7F 同步分频系数 0xFF,24 小时制
30.  */
31.  RTC_InitExample.RTC_AsynchPrediv=0x7F;
32.  RTC_InitExample.RTC_SynchPrediv=0xFF;
```

```
33.  RTC_InitExample.RTC_HourFormat=RTC_HourFormat_24;
34.  RTC_Init(&RTC_InitExample);
35.
36.  /* RTC 时间、日期设置 */
37.  RTC_SetTIME(OriginalHour,
38.              OriginalMin,OriginalSec,RTC_H12_AM);
39.  RTC_SetDATA(OriginalYear,
40.              OriginalMonth,OriginalDay,OriginalWeek);
41.  /* 标记初始化成功 */
42.  RTC_WriteBackupRegister(RTC_BKP_DR0,0x5050);
43.  return 1;
44. }
```

（2）在 main.c 文件中，关键为对 RTC 时间的读取。主要依靠 RTC_ GetTime（RTC_ Format_ BIN,&RTC_ TimeExample）和 RTC_ GetDate（RTC_ Format_ BIN, &RTC_ DateExample）函数的设计。

```
45. int main(void)
46. {
47.  RTC_TimeTypeDef RTC_TimeExample;//RTC 时间结构体
48.  RTC_DateTypeDef RTC_DateExample;//RTC 日期结构体
49.   RTC_GetTime(RTC_Format_BIN,&RTC_TimeExample);
50.  RTC_GetDate(RTC_Format_BIN,&RTC_DateExample);
51.
52.  NVIC_PriorityGroupConfig(NVIC_PriorityGroup_2);
        delay_Config();  //初始化系统延时函数
53.  USART_Config(115200);
54.  RTC_Config();//RTC 初始化
55.  while(1)
56.  {
57.      /* RTC 数据读取 */
58.      RTC_GetTime(RTC_Format_BIN,&RTC_TimeExample);
        RTC_GetDate(RTC_Format_BIN,&RTC_DateExample);
```

```
59.        /* RTC 时间串口打印 */
60.        printf("Time:% 02d:% 02d:% 02d\r\n",
61.                  RTC_TimeExample. RTC_Hours,
62.                  RTC_TimeExample. RTC_Minutes,
63.                  RTC_TimeExample. RTC_Seconds);
64.        printf("Date:20% 02d -% 02d -% 02d\r\n\r\n",
65.                  RTC_DateExample. RTC_Year,
66.                  RTC_DateExample. RTC_Month,
67.                  RTC_DateExample. RTC_Date);
68.        /* 1s 更新一次串口显示内容 */
69.        delayMS(1000);
70.    }
71. }
```

（3）关键函数解读。

```
1.    /* 时间设置函数
2.    输入小时、分钟、秒、制式
3.    */
4.    ErrorStatus RTC_SetTIME(uint8_t Hour, uint8_t Min, uint8_t Sec,
      uint8_t AMorPM)
5.    {
6.      RTC_TimeTypeDef RTC_TimeTypeInitExample;
7.
8.    RTC_TimeTypeInitExample. RTC_H12 = AMorPM; //设置制式
9.    RTC_TimeTypeInitExample. RTC_Hours = Hour; //设置小时
10.   RTC_TimeTypeInitExample. RTC_Minutes = Min; //设置分钟
11.   RTC_TimeTypeInitExample. RTC_Seconds = Sec; //设置秒
12.
13.     return RTC_SetTime(RTC_Format_BIN, &RTC_TimeTypeInitExample);
14. }
```

```
1. ErrorStatus RTC_SetDATA(u8 Year, u8 Month, u8 Date, u8 Week)
2. {
```

```
3.    RTC_DateTypeDef RTC_DateTypeInitExample;
4.    RTC_DateTypeInitExample.RTC_Year = Year;//设置年
5.    RTC_DateTypeInitExample.RTC_Month = Month;//设置月
6.    RTC_DateTypeInitExample.RTC_Date = Date;//设置日期
7.    RTC_DateTypeInitExample.RTC_WeekDay = Week;//设置星期
8.    return RTC_SetDate(RTC_Format_BIN,&RTC_DateTypeInitExample);
9. }
```

在 mydelay. c 文件中，定义了系统需要的各种延时函数。mydelay. c 文件通过寄存器直接编写，使用率高，读者可直接链接到所开发的工程中。

```
1.    #include "mydelay. h"
2.    staticuint8_t   DelayUs = 0;//μs 延时变量
3.
4.    /*
5.    SysTick 系统配置
6.    * /
7.
8.    void delay_Config(void)
9.    {
10.      SysTick - >CTRL& = 0xfffffffb;//HCLK/8
11.      DelayUs = SYSCLK/8;
12.    }
13.
14.    /*
15.    毫秒级延时
16.    * /
17.    void delayMS(uint16_t msnum)
18.    {
19.      do
20.    {
21.        delayUS(1000);
22.    }
23.    while(( --msnum) != 0);
```

```
24.    }
25.
26.    /*
27.    微秒级延时
28.    * /
29.    void delayUS(uint32_t usnum)
30.    {
31.      uint32_t Val;
32.      SysTick - >LOAD = usnum* DelayUs;//写入重载值
33.      SysTick - >VAL = 0x00;          //清空计数值
34.      SysTick - >CTRL = 0x01;         //启动定时器
35.      do
36.      {
37.        Val = SysTick - >CTRL;
38.      }
39.      while(Val&0x01&&! (Val&(1 < <16)));//等待给定时间
40.      SysTick - >CTRL = 0x00;          //关闭定时器
41.      SysTick - >VAL = 0X00;          //清空计数值
42. }
```

2.2.3 实验现象

串口端每隔1s显示更新一次当前时间和日期的信息，如图2.7所示。

 作 业

1 建立本实验工程，并下载到实验平台观察对应效果

2 本节难度调查请扫

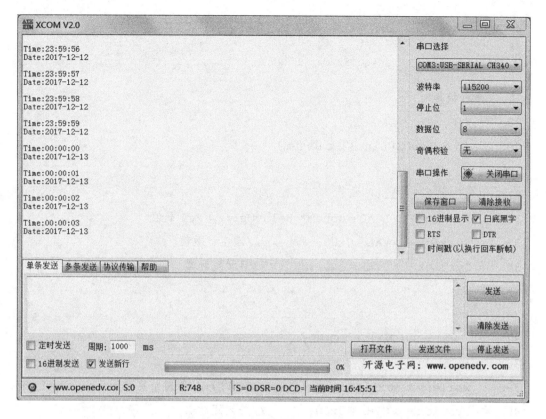

图 2.7

2.3 常用固件库函数

本单元主要固件库函数如表 2.1 所示。

表 2.1

函数名	函数功能
USART_ Init	根据 USART_ InitStruct 中指定的参数初始化外设 USAR-Tx 寄存器
USART_ Cmd	使能或者失能 USART 外设
USART_ ITConfig	使能或者失能指定的 USART 中断
USART_ ReceiveData	返回 USARTx 最近接收到的数据
USART_ SendData	通过外设 USARTx 发送单个数据
USART_ GetITStatus	检查指定的 USART 中断发生与否

续表

函数名	函数功能
USART_ ClearITPendingBit	清除 USARTx 的中断待处理位
RTC_ ITConfig	使能或者失能指定的 RTC 中断
RTC_ EnterConfigMode	void RTC_ EnterConfigMode（void）
RTC_ ExitConfigMode	退出 RTC 配置模式
RTC_ SetCounter	设置 RTC 计数器的值
RTC_ SetPrescaler	设置 RTC 预分频的值
RTC_ GetITStatus	检查指定的 RTC 中断发生与否
RTC_ ClearITPendingBit	清除 RTC 的中断待处理位

2.4 项目2：满意度评价器的设计

2.4.1 方案设计

利用串口设计一个银行满意度评价器。

设置3个按键，分别代表客户对服务人员的满意程度，即 KEY1 – 满意、KEY2 – 一般、KEY3 – 不满意。

串口显示：当前用户的输入结果和实时时间（年份、日期、小时、分钟）；统计、显示当前评价的总人数及满意人数占总人数的比例。

LCD 显示：利用 LCD1602 提示客户对服务做出评价。当客户完成评价，LCD 显示 "THANKS!"。

2.4.2 编程方法

（1）以 1.5 节 EXTI 工程作为本项目的工程模板，在此基础上添加项目程序代码。

（2）添加 2.1 节、2.2 节中关于 USART1、RTC、GPIO、LCD1602（详见 2.4.3 小节）等源文件。

（3）根据项目要求配置 USART1、RTC、GPIO、LCD1602（LCD1602 的配置与操作函数详见 2.4.3 节）。

（4）通过消息处理获取评价信息。

（5）显示当前用户的输入的结果和实时时间。

（6）在 main.c 文件中统计并显示当前评价的总人数及满意人数占总人数的比例。

```
1. extern uint8_t volatile KeyID;//消息 ID
2.
3. /* 定义满意人数、一般人数、不满意人数、总人数* /
4. uint8_t SatisfiedNum = 0,CommonlyNum = 0,D issatisfiedNum = 0,
5.        TotalNum = 0;
6.
7. int main(void)
8. {
9.     /* RTC 结构体* /
10.    RTC_TimeTypeDef RTC_TimeExample;//时间结构体
11.    RTC_DateTypeDef RTC_DateExample;//日期结构体
12.
13.    NVIC_PriorityGroupConfig(NVIC_PriorityGroup_2);
14.    delay_Config();
15.    USART_Config(115200);
16.    LED_Init();
17.    RTC_Config();
18.    EXTI_Config();
19.    LCD1602_Init();//1602 初始化
20.
21.    /* 1602 显示提示语"PLEASE RATE!"提示顾客评价* /
22.    LCD1602_Show_Str(2,0," PLEASE RATE!");
23.    delayMS(3000);
24.
25.    while(1)
26.    {
27.        while(KeyID)
```

```
28.        {
29.            switch(KeyID)
30.            {
31.                case KEY0_PRES:
32.                printf("此次评价为满意\r\n");
33.                SatisfiedNum + + ;
34.                break;
35.                case KEY1_PRES:
36.                printf("? 此次评价为一般\r\n");
37.                CommonlyNum + + ;
38.                break;
39.                case KEY2_PRES:
40.                printf("此次评价为不满意\r\n");
41.                DissatisfiedNum + + ;
42.                break;
43.            }
44.            KeyID = 0;
45.            TotalNum + + ;//评价总人数自增
46.
47.            /* RTC 数据读取* /
48.            RTC_GetTime(RTC_Format_BIN,&RTC_TimeExample);
49.            RTC_GetDate(RTC_Format_BIN,&RTC_DateExample);
50.
51.            /* 串口打印* /
52.            printf("满意人数占总人数比例为:% .2f% % \r\n",
53.            100.0* SatisfiedNum/TotalNum);
54.
55.            printf("Time:% 02d:% 02d:% 02d\r\n",
56.            RTC_TimeExample. RTC_Hours,
57.            RTC_TimeExample. RTC_Minutes,
58.            RTC_TimeExample. RTC_Seconds);
59.
```

```
60.            printf("Date:20% 02d-% 02d-% 02d\r\n\r\n",
61.            RTC_DateExample.RTC_Year,
62.            RTC_DateExample.RTC_Month,
63.            RTC_DateExample.RTC_Date);
64.
65.            /* 1602 显示提示语 THANK YOU* /
66.            LCD1602_Show_Str(2,0,"THANK YOU!");
67.            delayMS(3000);
68.        }
69.        LCD1602_ClearScreen();//LCD 消屏
70.    }
71. }
```

2.4.3　LCD1602 的使用方法

　　LCD1602 是一个字符型液晶屏，能够同时显示 16×2（即 32）个字符，如图 2.8 所示。内置 HD44780 接口型液晶显示控制器，可与 MCU 单片机直接连接，广泛应用于各类仪器仪表及电子设备中。

图 2.8

　　1602 采用标准的 16 脚接口，接口定义如表 2.2 所示。

表 2.2

接口引脚	接口定义
第 1 引脚	GND 为电源地
第 2 引脚	VCC 接 5V 电源正极

续表

接口引脚	接口定义
第3引脚	V0 为液晶显示器对比度调整端，接正电源时对比度最弱，接地电源时对比度最高
第4引脚	RS 为寄存器选择，高电平时选择数据寄存器、低电平时选择指令寄存器
第5引脚	RW 为读写信号线，高电平时进行读操作，低电平时进行写操作。发送单个数据
第7～14引脚	D0～D7 为 8 位双向数据端
第15～16引脚	空脚或背灯电源
第15引脚	背光正极
第16引脚	背光负极

接口电路如图 2.9 所示。

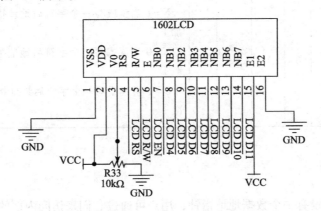

图 2.9

LCD1602 基本操作时序如下。

读状态：输入：RS = L，RW = H，E = H；输出：D0～D7 = 状态字。

写指令：输入：RS = L，RW = L，D0～D7 = 指令码，E = 高脉冲；输出：无。

读数据：输入：RS = H，RW = H，E = H；输出：D0～D7 = 数据。

写数据：输入：RS = H，RW = L，D0～D7 = 数据，E = 高脉冲；输出：无。

使用 LCD1602 时，需要通过 LCD1602 指令集完成相应功能。指令说明如下。

1. 显示模式设置（见表2.3）

表2.3

显示模式设置								
指令码								功能
0	0	1	1	1	0	0	0	设置16×2显示，5×7点阵，8位数据接口

2. 显示开/关及光标设置（见表2.4）

表2.4

指令码								功能
0	0	0	0	1	D	C	B	D=1 开显示；D=0 管显示；C=1 显示光标；C=0 不显示光标；B=1 光标闪烁；B=0 光标不闪烁
0	0	0	0	0	1	N	S	N=1 当读或写一个字符后地址指针加一，且光标加1 N=0 当读或写一个字符后地址指针减一，且光标减1 S=1 当读或写一个字符后地址指针减一，且光标减1

3. 数据控制

控制器内部设有一个数据地址指针，用户可通过它们来访问内部的全部80B RAM。

4. 数据指针设置（见表2.5）

表2.5

指令码	功能
80H + 地址码（0~27H，40H~67H）	设置数据地址指针

5. 读数据

输入：RS = H，RW = H，E = H；输出：D0 ~ D7 = 数据。

6. 写数据

输入：RS = H，RW = L，D0 ~ D7 = 数据，E = 高脉冲；输出：无。

7. 其他设置（见表2.6）

表2.6

指令码	功能
01H	显示清屏：数据指针清零；所有显示清零
02H	显示回车：数据指针清零

在1602.c文件中，设计下面程序中的函数，实现相应指令。

根据指令定义，新建1602.c文件，设计以下函数供给主程序使用。

```
1.  /*
2.  1602引脚配置和初始化
3.  */
4. void LCD1602_Config(void)
5. {
6.  GPIO_InitTypeDefGPIO_InitStructure;
7.  RCC_AHB1PeriphClockCmd(RCC_AHB1Periph_GPIOA | RCC_AHB1Periph_
GPIOF,ENABLE);
8.  GPIO_InitStructure.GPIO_Pin = GPIO_Pin_0 |GPIO_Pin_1 |GPIO_Pin_2 |
GPIO_Pin_3 |GPIO_Pin_4 |GPIO_Pin_5 |GPIO_Pin_6 |GPIO_Pin_7;
9.  GPIO_InitStructure.GPIO_Mode = GPIO_Mode_OUT;
10.  GPIO_InitStructure.GPIO_Speed = GPIO_Speed_50MHz;
11.  GPIO_InitStructure.GPIO_OType = GPIO_OType_OD;
12.  GPIO_InitStructure.GPIO_PuPd = GPIO_PuPd_UP;
13.  GPIO_Init(GPIOF,&GPIO_InitStructure);
14.  GPIO_InitStructure.GPIO_Pin = GPIO_Pin_4 |GPIO_Pin_5 |GPIO_Pin_6;
15.  GPIO_InitStructure.GPIO_Mode = GPIO_Mode_OUT;
16.  GPIO_InitStructure.GPIO_Speed = GPIO_Speed_50MHz;
17.  GPIO_InitStructure.GPIO_OType = GPIO_OType_PP;
18.  GPIO_InitStructure.GPIO_PuPd = GPIO_PuPd_UP;
```

```
19.    GPIO_Init(GPIOA,&GPIO_InitStructure);
20.    }
21.
22. /*
23. 1602 等待状态函数
24. * /
25. void LCD1602_Wait_Ready(void)
26. {
27.    u8 sta = 0;
28.    DATAOUT(0xFF);
29.    LCD_RS_Clr();
30.    LCD_RW_Set();
31.    do
32.    {
33.        LCD_EN_Set();
34.        delayMS(1);
35.        sta = GPIO_ReadInputData(GPIOF);
36.        LCD_EN_Clr();
37.    }while(sta & 0x80);//bit7 =1 表示液晶正忙,重复检测直到 bit7 =0。
38. }
39.
40.
41. /*
42. 写命令函数
43. * /
44. void LCD1602_Write_Cmd(u8 cmd)
45. {
46.    LCD1602_Wait_Ready();
47.    LCD_RS_Clr();
48.    LCD_RW_Clr();
49.    DATAOUT(cmd);
50.    delayUS(1);
```

```
51.    LCD_EN_Set();
52.    LCD_EN_Clr();
53. }
54.
55.
56. /*
57. 写数据
58. */
59. void LCD1602_Write_Dat(u8 dat)
60. {
61.    LCD1602_Wait_Ready();
62.    LCD_RS_Set();
63.    LCD_RW_Clr();
64.    DATAOUT(dat);
65.    delayUS(1);
66.    LCD_EN_Set();
67.    LCD_EN_Clr();
68. }
69.
70. /*
71. 清屏函数
72. */
73. void LCD1602_ClearScreen(void)
74. {
75.    LCD1602_Write_Cmd(0x01);
76. }
77.
78. /*
79. 设置光标位置,第一行基地址为0x00,第二行基地址为0x40
80. */
81. void LCD1602_Set_Cursor(u8 x,u8 y)
82. {
83.    u8 addr;
```

```
84.   if(y = =0)
85.      addr =0x00 + x;
86.   else
87.      addr =0x40 + x;
88.   LCD1602_Write_Cmd(addr |0x80);
89. }
90.
91. /*
92. 字符串显示函数
93. * /
94. void LCD1602_Show_Str(u8 x,u8 y,char * str)
95. {
96.   LCD1602_Set_Cursor(x,y);
97.   while(* str!='\0')
98.   {
99.      LCD1602_Write_Dat(* str + +);
100.      }
101.   }
102.
103. /*
104. 初始化过程(厂家建议的复位过程如下):
105. 写指令 38H:显示模式设置第一次
106. 延时 3ms
107. 写指令 38H:显示模式设置第二次
108. 延时 3ms
109. 写指令 38H:显示模式设置第三次
110. 延时 3ms 5.7 写指令 38H:显示模式设置第四次
111. 延时 3ms
112. 写指令 08H:显示关闭
113. 写指令 01H:显示清屏
114. 延时 3ms
115. 写指令 06H:显示光标移动设置
116. 本函数对上述过程简化如下:
```

```
117. * /
118. void LCD1602_Init(void)
119. {
120.      LCD1602_Config();
121.      //16×2 显示,5×7 点阵,8 位数据口
122.      LCD1602_Write_Cmd(0x38);
123.      LCD1602_Write_Cmd(0x0C);//开显示,光标关闭
124.      LCD1602_Write_Cmd(0x06);//文字不动,地址自动 +1
125.      LCD1602_Write_Cmd(0x01);//消屏
126. }
```

2.4.4 实验现象

每次用户输入评价信息后，串口均会自动更新统计结果，如图 2.10 所示。

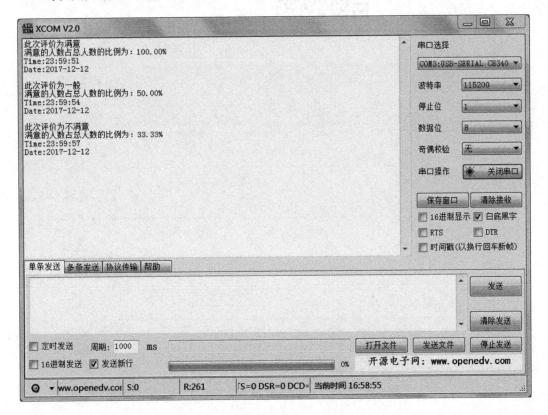

图 2.10

同时 LCD 显示用户提示信息，如图 2.11 所示。

图 2.11

 作 业

1 建立本项目工程，并下载到实验平台观察对应效果

2 在工程中加入对"星期"的显示

3 本节难度调查请扫

单元 3

步步高升（STM32 的定时器）

3.1 STM32F4 的定时器

3.1.1 定时器简介

STM32F4 包含 14 个定时器，如表 3.1 所示。其中基本定时器包括 TIM6、TIM7，其结构最简单，也具有最基本的定时功能，一是用于基本定时、产生时基，二是用于驱动 DAC 数/模转换器；通用定时器包括 TIME2 ~ TIME5 和 TIME9 ~ TIME14 共 10 个，通用定时器除了包含基本定时器的功能外，还有输入捕获、输出比较和 PWM 功能等；高级定时器包括 TIM1、TIM8。详见《STM32F4 中文参考手册》。

表 3.1

类型	定时器	计数器分辨率	计数器类型	预分频系数	产生 DMA 请求	捕获/比较通道	互补输出
高级	TIM1 TIM8	16 位	向上，向下，向上/向下	1 - 65536	可以	4	有
通用	TIM3 TIM4	16 位	向上，向下，向上/向下	1 - 65536	可以	4	没有
	TIM2 TIM5	32 位	向上，向下，向上/向下	1 - 65536	可以	4	没有
	TIM9	16 位	向上，	1 - 65536	无	2	没有
	TIM10 TIM11	16 位	向上，	1 - 65536	无	1	没有
	TIM12	16 位	向上，	1 - 65536	无	2	没有
	TIM13 TIM14	16 位	向上，		无	1	没有
基本	TIM6 TIM7	16 位	向上	1 - 65536	无	0	没有

本单元主要介绍 STM32F4 的通用定时器（TIM2 ～ TIM5 和 TIM9 ～ TIM14）。其中 TIM2、TIM5 为 32 位定时器。通用定时器包含一个 16 位或 32 位（仅 TIM2、TIM5）自动重载计数器（CNT），该计数器由可编程预分频器（PSC）驱动。每个通用定时器都是完全独立的，没有互相共享的任何资源。通用 TIMx 定时器主要应用如下。

（1）更新：计数器的上溢或下溢。

（2）事件触发。

（3）输入捕获。

（4）输出比较。

（5）支持针对定位的增量编码和霍尔传感器电路。

（6）触发输入作为外部时钟或按周期电源管理。

3.1.2 定时器时钟

由图 3.1 可见，定时器时钟来源可以是内部时钟（CK_ INT）、外部时钟模式（外部引脚 TIx，由输入捕获部分产生）、外部触发输入 ETR、内部触发输入 ITRx（该时钟是由另一个定时器输出产生的，对应到框图中的 TRGO）。

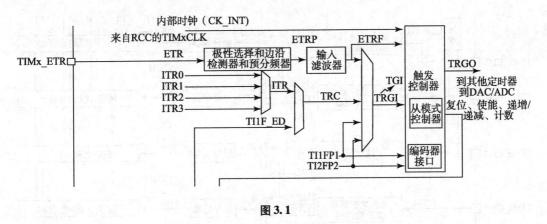

图 3.1

3.1.3　时基单元

时基单元由三部分组成，即 PSC 预分频器、CNT 计数器和自动重载寄存器，如图3.2 所示。

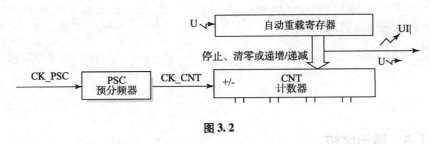

图 3.2

PSC 预分频器负责对所选时钟 CK_PSC 进行分频，产生所需的定时器工作时钟。CNT 计数器负责计数。自动重载寄存器负责在定时器被某事件触发后，将重载值装载到计时器中。

3.1.4　输入捕获

输入捕获功能时，通过检测 TIM_CHx 上的边沿信号（上升沿或下降沿），在信号边沿，将当前计数器值存放到相应通道的捕获/比较寄存器中。以 TI1 通道为例，输入信号经过滤波器输出 TI1F，再经过边沿检测（上升沿或下降沿）及选通后，产生的信号通过分频器分频后输出捕获的信号 CC1。输入通道如图 3.3 所示。

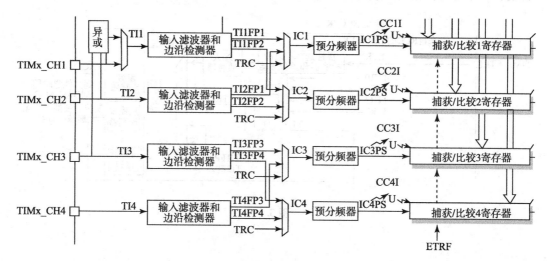

图 3.3

输入捕获功能相关库函数如下：

```
void TIM_ICInit(TIM_TypeDef* TIMx,TIM_ICInitTypeDef* TIM_ICInit-
Struct);  //设置通道参数
void TIM_OCxPolarityConfig(TIM_TpeDef* TIMx,uint16_t TIM_OCPolari-
ty);  //设置通道极性
uint32_t TIM_GetCapturex(TIM_TypeDef* TIMx);  //获取通道捕获值
```

3.1.5 输出比较

使用输出比较功能时，需要在 CCRx 寄存器中设定输出比较值。定时器将当前计数值与比较值做比较，再根据比较结果和极性、有效性设定，确定输出电平的高低状态。输出通道如图 3.4 所示。

输出比较功能相关库函数如下：

```
void TIM_OCxInit(TIM_TypeDef* TIMx,TIM_OCInitTypeDef* TIM_OCInit-
Struct)  //设置通道参数
void TIM_SetComparex(TIM_TypeDef* TIMx,uint32_t Comparex);
  //设置比较值
```

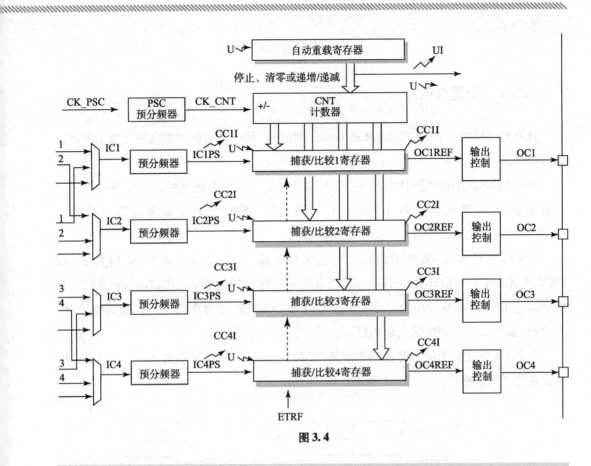

图3.4

```
TIM_OCxPreloadConfig(TIM_TypeDef* TIMx,uint16_t TIM_OCPreload);
    //使能输出比较预装载
TIM_ARRPreloadConfig(TIM_TypeDef* TIMx,ENABLE);
    //使能自动重装载预装载寄存器
```

3.2　PWM "呼吸灯" 实验

目　的

● 学习通用定时器的 PWM 输出模式，利用定时器二通道一 TIM2_ CH1 的 PWM 输出通道，实现对 LED0 发光明暗程度的调节。开机后，默认 LED 闪烁频率为 1kHz、PWM 占空比亮度值在 0 ~ 300 渐变。

3.2.1 原理介绍

脉冲宽度调制（Pulse Width Modulation，PWM）是一种对脉冲宽度进行数字控制的调制技术。

要使 STM32 的定时器 TIMx 产生 PWM 输出，除了 3.1 节提到的 3 个寄存器外，还需要捕获/比较模式寄存器（TIMx_ CCMR1/2）、捕获/比较使能寄存器（TIMx_ CCER）、捕获/比较寄存器（TIMx_ CCR1 ~ 4）。

STM32 定时器的 PWM 输出模式包括两种，即 PWM 模式 1 和 PWM 模式 2。在 PWM 模式 1 下，当前计数值 TIMx_ CNT 始终与输出比较值 TIMx_ CCRx 进行比较，只要 TIMx_ CNT < TIMx_ CCRx，PWM 参考信号 OCxREF 便为高电平；否则为低电平。在 PWM 模式 2 下，则情况完全相反。

以 PWM 模式 1 为例，若自动重载值 TIMx_ ARR = 8，CCR 取值不同，则 OCxREF 将表现为不同的输出。如图 3.5 所示。

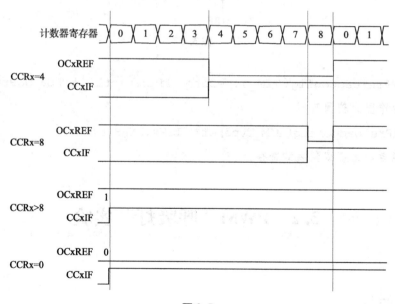

图 3.5

3.2.2 编程方法

（1）配置定时器 2 与 PWM 模式。定时器 2 通道 1 输出信号通过 GPIOA5 引脚复用输出。通过查看数据手册中的"Table 7. Alternate function mapping"可得，如图 3.6 所示。

Port	AF0	AF1	AF2	AF3	AF4
	SYS	TIM1/2	TIM3/4/5	TIM8/9/10/11	I2C1/2/3
PA0		TIM2_CH1 TIM2_ETR	TIM5_CH1	TIM8_ETR	
PA1		TIM2_CH2	TIM5_CH2		
PA2		TIM2_CH3	TIM5_CH3	TIM9_CH1	
PA3		TIM2_CH4	TIM5_CH4	TIM9_CH2	
PA4					
PA5		TIM2_CH1 TIM2_ETR		TIM8_CH1N	
PA6		TIM1_BKIN	TIM3_CH1	TIM8_BKIN	
PA7		TIM1_CH1N	TIM3_CH2	TIM8_CH1N	

图 3.6

```
1.  /* 将定时器 2 通道 1 设置成 PWM 比较输出模式 */

2.  void TIM2_PWM_Init(uint32_t arr,uint32_t psc)
    //参数为重载值和分步系数

3.  {

4.  /* 结构体初始化 */

5.  GPIO_InitTypeDef GPIO_InitExample;

6.  TIM_TimeBaseInitTypeDef  TIM_TimeBaseExample;

7.  TIM_OCInitTypeDef  TIM_OCInitExample;

8.

9.  /* 打开定时器和定时器通道 GPIO 时钟 */

10.  RCC_APB1PeriphClockCmd(RCC_APB1Periph_TIM2,ENABLE);

11.  RCC_AHB1PeriphClockCmd(RCC_AHB1Periph_GPIOA,ENABLE);

12.

13.  /* GPIOAPIN5 初始化 */
```

```
14.    GPIO_InitExample. GPIO_Pin = GPIO_Pin_5;              //GPIOF5

15.    GPIO_InitExample. GPIO_Mode = GPIO_Mode_AF;           //复用功能

16.    GPIO_InitExample. GPIO_Speed = GPIO_Speed_100MHz;

17.    GPIO_InitExample. GPIO_OType = GPIO_OType_PP;

18.    GPIO_InitExample. GPIO_PuPd = GPIO_PuPd_UP;

19.    GPIO_Init(GPIOA,&GPIO_InitExample);

20.

21.    /* GPIOAPIN5 - > TIM2CH1 * /

22.    GPIO_PinAFConfig(GPIOA,GPIO_PinSource5,GPIO_AF_TIM2);
       //GPIOF9? 复用为定时器2输出通道

23.

24.    /* 定时器初始化* /

25.    TIM_TimeBaseExample. TIM_Prescaler = psc;             //分频

26.    TIM_TimeBaseExample. TIM_CounterMode =

27.    TIM_CounterMode_Up;//向上计数模式

28.    TIM_TimeBaseExample. TIM_Period = arr;
       //自动重载值

29.    TIM_TimeBaseExample. TIM_ClockDivision = TIM_CKD_DIV1;
       //设置时钟分割系统为1,不分割

30.    TIM_TimeBaseInit(TIM2,&TIM_TimeBaseExample);

31.

32.    /* 定时器工作模式配置* /

33.    TIM_OCInitExample. TIM_OCMode =

34.                      TIM_OCMode_PWM1;//PWM 模式1

35.    TIM_OCInitExample. TIM_OutputState =

36.                      TIM_OutputState_Enable;//比较输出使能

37.    TIM_OCInitExample. TIM_OCPolarity =

38.                      TIM_OCPolarity_Low;//TIM 输出比较极性低

39.    TIM_OC1Init(TIM2,&TIM_OCInitExample);

40.

41.    /* 使能 TIM2d CCR1 上的预装载寄存器* /

42.    TIM_OC1PreloadConfig(TIM2,TIM_OCPreload_Enable);
```

```
43.    /* 自动重装载使能 */

44.    TIM_ARRPreloadConfig(TIM2,ENABLE);
       //使能 TIM2d CCR1 上的预装载寄存器

45.

46.    /* 启动定时器 TIM2 */

47.    TIM_Cmd(TIM2,ENABLE);

48. }
```

（2）在 main. c 文件中，设计了调节 PWM 占空比的方法。

```
1. /* 呼吸灯状态常量自定义 */

2. #define PWM_UP      1              //递增标志

3. #define PWM_DOWM   0              //递减标志

4. #define PWM_MAX    350            //允许最大值

5. #define PWM_MIN    10             //允许最小值

6.

7. uint16_t Tim2PwmVal = PWM_MIN; //写的 CCR1 的值

8. uint8_t  CriticalValue = PWM_UP;//占空比趋势控制标志

9. int main(void)

10. {

11.    delay_Config();

12.    USART_Config(115200);

13.    TIM2_PWM_Init(500 -1,84 -1);//初始化 TIM2

14.    while(1)

15.    {

16.       /* 不断改变 CCR1 的值 */

17.       if(CriticalValue = = PWM_UP)//递增

18.       {

19.            Tim2PwmVal + +;

20.            if(Tim2PwmVal > PWM_MAX)//如果达到最大值

21.                 CriticalValue = PWM_DOWM;//改为递减

22.       }

23.    else
```

```
24.       {
25.            Tim2PwmVal--;
26.              if(Tim2PwmVal = = PWM_MIN)//如果达到最小值
27.                CriticalValue = PWM_UP;//改为递增
28.       }
29.  ./* 通过改变 CCR1 来改变占空比,并延时* /
30.  TIM_SetCompare1(TIM2,Tim2PwmVal);//改变占空比
31.  delayMS(5);
32. }
33. }
```

3.2.3 实验现象

LED"呼吸灯"产生忽明忽暗的效果。

作　业

1 建立本实验工程,并下载到实验平台观察对应效果

2 改写 EXTI 按键工程。通过 KEY0、KEY1 改变呼吸灯的明暗

3 本节难度调查请扫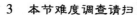

3.3 输入捕捉"超声测距"实验

目　的

● 输入捕获模式可以用来测量脉冲宽度或者测量频率。STM32 的定时器,除

了 TIM6 和 TIM7 外，其他定时器都有输入捕获功能。本实验利用 TIM5_ CH1 （PA0）的输入捕获功能来捕获 HC-SR04 超声测距模块发来的距离回响信号，推算出超声测距的距离值。

3.3.1　原理介绍

使用通用定时器的输入捕获功能时，需要检测 TIMx_ CHx 上的边沿信号。在边沿信号（如上升沿或下降沿）发生时，将当前计数值存放到对应通道的捕获/比较寄存器里，完成一次捕获。同时，还可以配置捕获时是否触发中断/DMA 等。超声测距采用通用超声模块 HC-SR04 与实验平台连接，如图 3.7 所示。

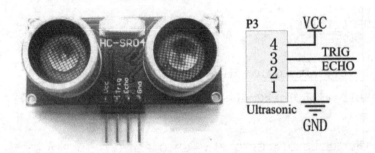

图 3.7

测距步骤如下。

（1）由单片机 PA1 发出一个不小于 10μs 的高电平信号至模块 TRIG 端，触发模块开启测距。

（2）模块连发 8 个 40kHz 左右的脉冲信号。

（3）脉冲信号遇到障碍物后反射回来。模块 ECHO 端接收到距离回响信号，高电平的时间就是超声波从发射到返回的时间，PA0 接收 ECHO 端信号，如图 3.8 所示。

$$被测距离 = \frac{高电平时间 \times 声速（340m/s）}{2}$$

本实验通过 TIM5 通道 1 捕获输入距离回响信号的脉宽，通过捕获单周期内上升沿与下降沿之间的间隔时间，来计算信号的高电平脉冲宽度。串口端每 1s 更新一次被测距离值。

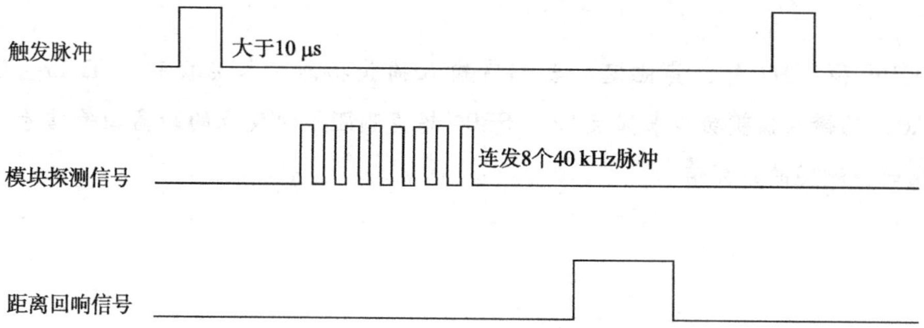

触发脉冲　　　大于10 μs

模块探测信号　　连发8个40 kHz脉冲

距离回响信号

图3.8

3.3.2　编程方法

（1）使用杜邦线连接 ECHO 和 PA0、TRIG 和 PA1。初始化 PA0。

```
1. void HCSR04_Init()
2. {
3.   GPIO_InitTypeDef GPIO_InitStructure;
4.   RCC_AHB1PeriphClockCmd(RCC_AHB1Periph_GPIOA,ENABLE);
5.
6.   GPIO_InitStructure.GPIO_Pin = GPIO_Pin_0 |GPIO_Pin_1;
7.   GPIO_InitStructure.GPIO_Mode = GPIO_Mode_OUT;
8.   GPIO_InitStructure.GPIO_Speed = GPIO_Speed_100MHz;
9.   GPIO_InitStructure.GPIO_OType = GPIO_OType_PP;GPIO_InitStructure.GPIO_PuPd = GPIO_PuPd_DOWN;
10.   GPIO_Init(GPIOA,&GPIO_InitStructure);
11. }
```

（2）配置定时器定时单元和输入捕捉工作模式。

（3）设置输入捕捉中断，并开启。

```
1. void TIM5_Config(uint32_t arr,uint16_t psc)
2. {
3.   /* 输入捕获结构体* /
4.   GPIO_InitTypeDef GPIO_InitExample;
```

```
5.   TIM_TimeBaseInitTypeDef  TIM_TimeBaseExample;
6.   TIM_ICInitTypeDef  TIM5_ICInitExample;
7.   NVIC_InitTypeDef NVIC_InitExample;
8.
9.   /* 打开对应的时钟 */
10.  RCC_APB1PeriphClockCmd(RCC_APB1Periph_TIM5,ENABLE);
11.  RCC_AHB1PeriphClockCmd(RCC_AHB1Periph_GPIOA,ENABLE);
12.
13.  /* 初始化 GPIOAPIN1 */
14.  GPIO_InitExample.GPIO_Pin=GPIO_Pin_0;
15.  GPIO_InitExample.GPIO_Mode=GPIO_Mode_AF;//引脚复用
16.  GPIO_InitExample.GPIO_Speed=GPIO_Speed_100MHz;
17.  GPIO_InitExample.GPIO_OType=GPIO_OType_PP;
18.  GPIO_InitExample.GPIO_PuPd=GPIO_PuPd_UP;
19.  GPIO_Init(GPIOA,&GPIO_InitExample);
20.
21.  /* GPIOAPIN1 - >TIM5CH2 */
22.  //PA1 复用为定时器 5 输入通道
23.  GPIO_PinAFConfig(GPIOA,GPIO_PinSource0,GPIO_AF_TIM5);
24.
25.  /* 定时器初始化配置 */
26.  TIM_TimeBaseExample.TIM_Prescaler=psc;  //分频
27.  TIM_TimeBaseExample.TIM_CounterMode
28.                    =TIM_CounterMode_Up;//向上计数
29.  TIM_TimeBaseExample.TIM_Period=arr;  //自动重载值
30.  TIM_TimeBaseExample.TIM_ClockDivision=TIM_CKD_DIV1;
31.  TIM_TimeBaseInit(TIM5,&TIM_TimeBaseExample);
32.
33.  /* 定时器工作模式初始化配置 */
34.  //选择输入端 IC2 映射至 TI2
35.  TIM5_ICInitExample.TIM_Channel=TIM_Channel_1;
36.  //上升沿
```

```
37.    TIM5_ICInitExample. TIM_ICPolarity = TIM_ICPolarity_Falling;
38.    //映射到TI
39.    TIM5_ICInitExample. TIM_ICSelection = TIM_ICSelection_DirectTI;
40.    //配置输入分频或不分频
41.    TIM5_ICInitExample. TIM_ICPrescaler = TIM_ICPSC_DIV1;
42.    //IC1F = 0000 配置输入滤波器,不滤波
43.    TIM5_ICInitExample. TIM_ICFilter = 0x00;
44.
45.    TIM_ICInit( TIM5,&TIM5_ICInitExample);
46.
47.    /* 定时器中断配置* /
48.    //允许更新中断,允许捕获通道TIM_IT_CC1
49.    TIM_ITConfig( TIM5,TIM_IT_CC1,ENABLE);
50.
51.    /* 开启定时器* /
52.    TIM_Cmd( TIM5,ENABLE);//使能定时器5
53.
54.    /* 中断优先级配置* /
55.    NVIC_InitExample. NVIC_IRQChannel = TIM5_IRQn;
56.    NVIC_InitExample. NVIC_IRQChannelPreemptionPriority = 2;
57.    NVIC_InitExample. NVIC_IRQChannelSubPriority = 0;5
58.    NVIC_InitExample. NVIC_IRQChannelCmd = ENABLE;   NVIC_Init( &NVIC
_InitExample);
59. }
```

(4) 在 main.c 中,通过 PA1 发送触发信号给模块。

```
1. int main(void)
2. {
3.     NVIC_PriorityGroupConfig(NVIC_PriorityGroup_2);
4.     delay_Config();
5.     USART_Config(115200);
6.     HCSR04_Init();//超声波初始化函数
```

```
7.      TIM5_Config(0xffffffff-1,84-1);//定时器5初始化
8.      while(1)
9.      {
10.         /* 产生一个1ms的超声模块trig触发信号* /
11.         GPIO_SetBits(GPIOA,GPIO_Pin_1);
12.         delayMS(1);
13.         GPIO_ResetBits(GPIOA,GPIO_Pin_1);
14.      }
15. }
```

（5）通过定时器输入捕获中断函数捕获 echo 信号，并测算。设置输入捕获为上升沿捕获，记录发生上升沿事件时 TIM5_CNT 的值；设置输入捕获为下降沿捕获，记录发生下降沿事件时 TIM5_CNT 的值。

```
1. uint8_t UltrasonicFlag=NotCaptured;  //超声波捕获标志
2. uint32_t UltrasonicVal;               //超声波测量值
3. /*
4. TIM5_IRQHandler 输入捕获中断服务函数
5. * /
6. void TIM5_IRQHandler()
7. {
8.     if(TIM_GetITStatus(TIM5,
9.                  TIM_IT_CC1)!=RESET)//捕获1发生捕获事件
10.    {
11.        /* 超声波信号返回值捕获完毕* /
12.        if(UltrasonicFlag==Captured)
13.        {
14.            UltrasonicVal=
15.                    TIM_GetCapture1(TIM5);//捕获当前捕获值
16.            printf("探测距离为:% d cm\r \n",UltrasonicVal* 17/1000);
17.            UltrasonicFlag=0;        //开启下一次捕获
18.            TIM_OC1PolarityConfig(TIM5,
19.                     TIM_ICPolarity_Rising);//上升沿捕获
20.
```

```
21.        /* 捕获到超声波返回信号* /
22.        }else
23.        {
24.            UltrasonicVal =0;
25.            UltrasonicFlag =1;//标记捕获到了上升沿
26.            TIM_Cmd(TIM5,DISABLE);//关闭定时器5
27.            TIM_SetCounter(TIM5,0);//设置定时器的值
28.            TIM_OC1PolarityConfig(TIM5,
29.                        TIM_ICPolarity_Falling);//下降沿捕获
30.            TIM_Cmd(TIM5,ENABLE);//使能定时器5
31.        }
32.    }
33.        TIM_ClearITPendingBit(TIM5,
34.                    TIM_IT_CC1 |TIM_IT_Update);//清除中断标志
35. }
```

3.3.3   实验现象

将超声测距模块对准障碍物，串口中即显示模块距障碍物的实际距离，如图3.9所示。

 作 业

1   建立本实验工程，并下载到实验平台观察对应效果

2   通过实际障碍物测试程序，找出该设计的测量盲区的范围。思考：盲区是如何产生的、如何通过算法减小盲区的范围

3   本节难度调查请扫

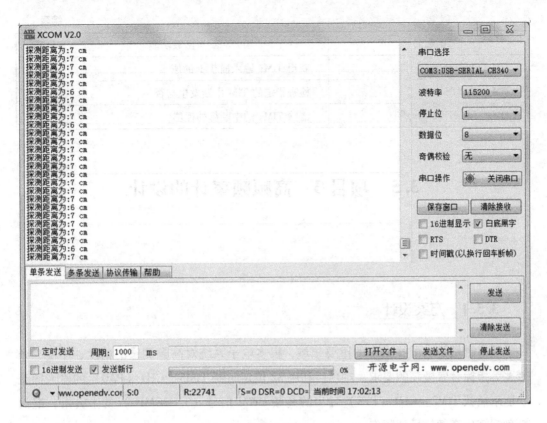

图 3.9

3.4　常用固件库函数

本单元主要固件库函数如表 3.2 所示。

表 3.2

函数名	函数功能
TIM_ TimeBaseInit	根据 TIM_ TimeBaseInitStruct 中指定的参数初始化 TIMx 的时间基数单位
TIM_ OCInit	根据 TIM_ OCInitStruct 中指定的参数初始化外设 TIMx
TIM_ OCInit	根据 TIM_ ICInitStruct 中指定的参数初始化外设 TIMx
TIM_ Cmd	使能或者失能 TIMx 外设
TIM_ ITConfig	使能或者失能指定的 TIM 中断
TIM_ OCnPolarityConfig	设置 TIMx 通道 n 极性

续表

函数名	函数功能
TIM_ GetCapturen	获得 TIMx 输入捕获 1 的值
TIM_ GetITStatus	检查指定的 TIM 中断发生与否
TIM_ ClearITPendingBit	清除 TIMx 的中断待处理位

3.5 项目3：高频频率计的设计

3.5.1 方案设计

频率测量是电子技术中的重要领域，很多电子系统对高频测量的精度、速度、频带宽等指标有着极高的要求。本项目利用 32 位定时器 TIM5_ CH1（PA0）的输入捕获功能来捕获 TIM2_ CH1（PF9）输出的高频 PWM 信号（3~30MHz）的上升沿，继而精确测算出高频信号的频率。

频率被定义为单位时间内周期的个数。通过计算 1ms 中周期的个数来推算出信号频率。单位为/s。

STM32F407 定时器最大时钟频率为 168MHz，输入捕捉通道对外部输入源的最大分频系数为 8。根据采样定理，本设计最大可测频率为 $168MHz \times 8/2 \approx 680MHz$。

通过 KEY0 发送测频开启/关闭消息。开启后，在使用定时器 3 产生的 1s 门时中断产生 1s 的软定时。同时开启 TIM5 输入捕捉功能及中断 TIM5_ IRQHandler，并在 TIM5_ IRQHandler 中记录周期个数。系统每 1s 对信号频率 Freq 进行一次测算，由此得到 Freq = FreqSum × 分频系数 × 100。程序流程如图 3.10 所示。

3.5.2 编程方法

（1）在 3.2 节"呼吸灯"程序的基础上新建 timer. c。

（2）初始化 TIM3。TIM3 用于产生 1s 门时中断。

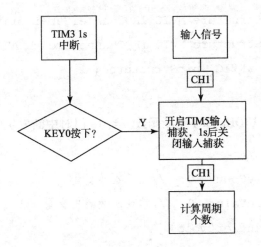

图3.10

```
1. void TIM3_Config(u16 arr,u16 psc)//参数(arr,psc)决定门时长度
2. {
3.     TIM_TimeBaseInitTypeDef TIM_TimeBaseInitStructure;
4.     NVIC_InitTypeDef NVIC_InitStructure;
5.
6.     RCC_APB1PeriphClockCmd(RCC_APB1Periph_TIM3,ENABLE);
7.     TIM_TimeBaseInitStructure. TIM_Period=arr;
8.     TIM_TimeBaseInitStructure. TIM_Prescaler=psc;
9.     TIM_TimeBaseInitStructure. TIM_CounterMode=
10.                              TIM_CounterMode_Up;
11.     TIM_TimeBaseInitStructure. TIM_ClockDivision=TIM_CKD_DIV1;
12.
13.     //初始化 TIM3
14.     TIM_TimeBaseInit(TIM3,&TIM_TimeBaseInitStructure);
15.
16.     //允许 TIM 更新中断
17.     TIM_ITConfig(TIM3,TIM_IT_Update,ENABLE);
18.
19.     NVIC_InitStructure. NVIC_IRQChannel=TIM3_IRQn;
20.     NVIC_InitStructure. NVIC_IRQChannelPreemptionPriority=0x01
```

```
21.    NVIC_InitStructure.NVIC_IRQChannelSubPriority=0x03;
22.    NVIC_InitStructure.NVIC_IRQChannelCmd=ENABLE;
23.    NVIC_Init(&NVIC_InitStructure);
24. }
```

（3）定义 TIM3_ IRQHandler 中断函数。当 1s 门时中断发生时，计算每 1s 内捕获到的脉冲个数。

```
1. uint16_t CaptureCount=0;  //捕获次数变量
2. uint16_t CaptureValue=0;   //捕获次数溢出变量
3. void TIM3_IRQHandler(void)
4. {
5.   /* 门时时间到,进入中断* /
6.   if(TIM_GetITStatus(TIM3,TIM_IT_Update)==SET)//判断更新中断标志
7.   {
8.         TIM5->CCER&=~(1<<0);//关闭输入捕获功能
9.         /* 频率为每秒捕获的总值,要考虑到 TIM5 的溢出* /
10.         printf("频率为:% d\r\n",CaptureValue* 0xffff
11.               +CaptureCount);
12.         CaptureCount=0;//清空捕获值
13.         CaptureValue=0;//清空溢出值
14.         TIM_Cmd(TIM3,DISABLE);//关闭定时器3
15.   }
16.   TIM_ClearITPendingBit(TIM3,TIM_IT_Update);  //清除中断标志
17. }
```

（4）初始化 TIM5。TIM5 用于捕获 TIM2 输出的 PWM 波的上升沿。

```
1. void TIM5_Config(uint32_t arr,uint16_t psc)
2. {
3.    GPIO_InitTypeDef GPIO_InitExample;
4.    TIM_TimeBaseInitTypeDef  TIM_TimeBaseExample;
5.    TIM_ICInitTypeDef  TIM5_ICInitExample;
6.    NVIC_InitTypeDef NVIC_InitExample;
7.
```

```
8.      RCC_APB1PeriphClockCmd(RCC_APB1Periph_TIM5,ENABLE);
        RCC_AHB1PeriphClockCmd(RCC_AHB1Periph_GPIOA,ENABLE);
9.
10.     GPIO_InitExample.GPIO_Pin=GPIO_Pin_0;//GPIOA0
11.     GPIO_InitExample.GPIO_Mode=GPIO_Mode_AF;
12.     GPIO_InitExample.GPIO_Speed=GPIO_Speed_100MHz;
13.     GPIO_InitExample.GPIO_OType=GPIO_OType_PP;
14.     GPIO_InitExample.GPIO_PuPd=GPIO_PuPd_UP;
15.     GPIO_Init(GPIOA,&GPIO_InitExample);
16.
17.     /* GPIOAPIN0 - >TIM5CH1* /
18.     GPIO_PinAFConfig(GPIOA,GPIO_PinSource0,GPIO_AF_TIM5);
19.
20.     TIM_TimeBaseExample.TIM_Prescaler=psc;
21.     TIM_TimeBaseExample.TIM_CounterMode=
22.     TIM_CounterMode_Up;
23.     TIM_TimeBaseExample.TIM_Period=arr;
24.     TIM_TimeBaseExample.TIM_ClockDivision=TIM_CKD_DIV1;
25.     TIM_TimeBaseInit(TIM5,&TIM_TimeBaseExample);
26.
27.     TIM5_ICInitExample.TIM_Channel=TIM_Channel_1;
28.     TIM5_ICInitExample.TIM_ICPolarity=TIM_ICPolarity_Rising;
        //上升沿
        TIM5_ICInitExample.TIM_ICSelection=TIM_ICSelection_DirectTI;
29.     TIM5_ICInitExample.TIM_ICPrescaler=TIM_ICPSC_DIV1;
30.     TIM5_ICInitExample.TIM_ICFilter=0x00;//IC1F=0000
31.     TIM_ICInit(TIM5,&TIM5_ICInitExample);
32.     TIM_ITConfig(TIM5,TIM_IT_CC1,ENABLE);//允许中断
33.
34.     TIM_Cmd(TIM5,ENABLE);           //使能
35.
36.     NVIC_InitExample.NVIC_IRQChannel=TIM5_IRQn;
```

```
37.      NVIC_InitExample.NVIC_IRQChannelPreemptionPriority=2;
38.      NVIC_InitExample.NVIC_IRQChannelSubPriority=0;
39.      NVIC_InitExample.NVIC_IRQChannelCmd=ENABLE;
40.      NVIC_Init(&NVIC_InitExample);
41.      TIM5->CCER&=~(1<<0);//关闭捕获功能,需通过KEY0开启
42. }
```

（5）定义 TIM5_IRQHandler 中断函数。当信号上升沿到来时，进入 TIM5_IRQHandler 捕获中断。

```
1. void TIM5_IRQHandler()
2. {
3.     if(TIM_GetITStatus(TIM5,TIM_IT_CC1)!=RESET)//捕获1发生事件
4.     {
5.             if(++CaptureCount==0xffff)//每一上升沿捕获值+1
6.             {
7.                     CaptureValue++;
8.                     CaptureCount=0;
9.             }
10.    }
11.    TIM_ClearITPendingBit(TIM5,TIM_IT_CC1|TIM_IT_Update);
12. }
```

（6）在 main.c 中，当 KEY0 按下时，打开 Tim3，产生 1s 门时中断，同时打开 TIM5 输入捕获功能。

```
1. TIM5_Config(0xffffffff-1,84-1);      //配置 TIM5 捕获
2. TIM3_Config(10000-1,8400-1);         //配置 TIM3 定时
3. while(1)
4. {
5.     /* 按下 KEY0 键,触发一次频率测量* /
6.     if(KeyID==KEY0_PRES)
7.     {
8.             TIM_Cmd(TIM3,ENABLE);//打开 TIM3
```

```
9.              TIM5 - >CCER|=1<<0;//打开 TIM5_CH1 输入捕获
10.     }
11. }
```

3.5.3 实验现象

使用杜邦线连接 TIM2_ CH5（PA5）与 TIM5_ CH1（PA0）。串口显示端即可显示 TIM2_ CH5 输出的 PWM 波的频率，如图 3.11 所示。

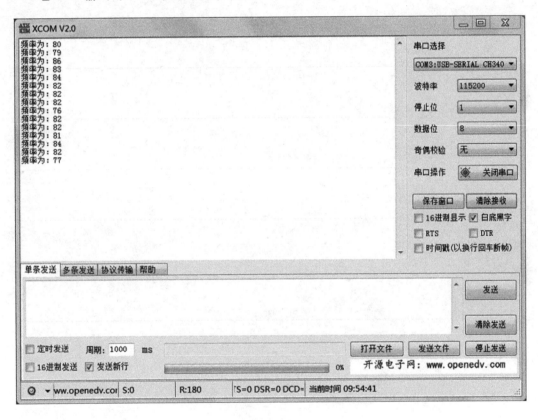

图 3.11

1 建立本实验工程，并下载到实验平台观察对应效果

2 "高频测频，低频测周"。那么如果被测信号是 1kHz 以下的低频，应该如何设

计编程方法？请改写程序

3   本节难度调查请扫

单元 4

得心应手（模/数转换器）

4.1　ADC 单通道采集实验

目的

● 利用 ADC1_ CH0 采集测量外部电压值。串口端显示结果，如通道 1 当前电压值为 2.45V。

4.1.1　原理介绍

ADC 是一种逐次逼近型模拟/数字转换器。实验平台上共扩展了 4 个 ADC 外部测量电路，用来测量外接电位器调节电压值，如图 4.1 所示。

STM32F407 有 3 个 ADC，可配置 12 位、10 位、8 位或 6 位分辨率。3 个 ADC 引脚分配如表 4.1 所示。STM32F407 的 ADC 多达 19 个复用通道，可测量来自 16 个外部源、两个内部源和 VBAT 通道的信号。这些通道的 A/D 转换可在单次、连续、扫描或

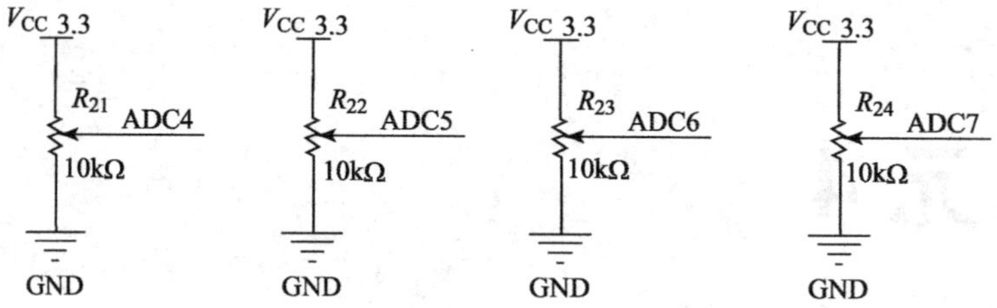

图4.1

不连续采样模式下进行。

表4.1

通道号	ADC1	ADC2	ADC3
通道 0	PA0	PA0	PA0
通道 1	PA1	PA1	PA1
通道 2	PA2	PA2	PA2
通道 3	PA3	PA3	PA3
通道 4	PA4	PA4	PF6
通道 5	PA5	PA5	PF7
通道 6	PA6	PA6	PF8
通道 7	PA7	PA7	PF9
通道 8	PB0	PB0	PF10
通道 9	PB1	PB1	PF3
通道 10	PC0	PC0	PC0
通道 11	PC1	PC1	PC1
通道 12	PC2	PC2	PC2
通道 13	PC13	PC13	PC13
通道 14	PC4	PC4	PF4

　　ADC 的转换通道可分为规则组与注入组两种。分组转换的方法将在 4.2 节做介绍。规则组 ADC 的结果存储在一个左对齐或右对齐的 16 位数据寄存器中（ADC_ DR 寄存器）。注入组 ADC 的结果存储在一个左对齐或右对齐的 16 位数据寄存器中（ADC_ JDR 寄存器）。各通道的 A/D 转换可以按单次、连续、扫描或间断模式执行。在转换结束、注入转换结束以及发生模拟看门狗或溢出事件时产生中断。

　　若选择 3.3V 供电、12 位分辨率、规则组，则 ADC 采样值（ADC_ DR）与实际电压（Voltage）之间存在正比线性关系，即

$$\text{Voltage} = \text{ADC\_DR} \times (3.3/4096)$$

每个 ADC 采样率最高可达到 $0.41\mu s$（采样率 2.4MHz）。若 3 个 ADC 在规则组模式下同时采样，采样率最高可达 7.2MHz。

ADC 的时钟 ADCCLK 来源于 APB2，经过 2/4/6/8 分频最终得出。假设系统的时钟总线 SYSCLK 为 168MHz，经过 2 分频得到 APB2 为 84MHz，ADCCLK 采用 2 分频即可得到 42MHz。ADC 的采样时间为：

$$T_{\text{conv}} = \text{Sampling time} + 12 \text{ cycles}$$

ADC 的时钟不建议超过 36MHz。

当采样时间为 3cycles 时（3cycles 为单指令周期），总的转换时间为 15 个 ADC-CLK。ADC 在开始精确转换之前需要一段稳定时间 t_{STAB}。ADC 开始转换并经过 15 个时钟周期后，EOC 标志置 1，转换结果存放在 16 位 ADC 数据寄存器中，如图 4.2 所示。

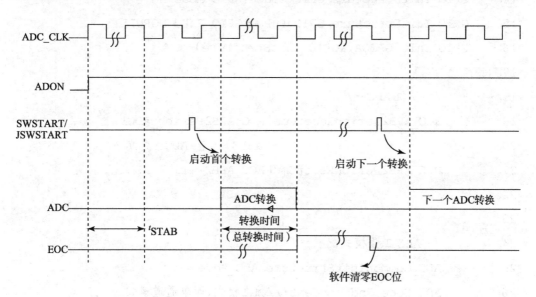

图 4.2

4.1.2　编程方法

（1）初始化 ADC。

```
1. void  ADC_Config(void)
2. {
3.     /* ADC 结构体 */
```

```
4.    GPIO_InitTypeDef   GPIO_InitStructure;

5.    ADC_CommonInitTypeDef ADC_CommonInitStructure;

6.    ADC_InitTypeDef       ADC_InitStructure;

7.

8.      /* 打开相应的时钟*/

9.    RCC_AHB1PeriphClockCmd(RCC_AHB1Periph_GPIOA,ENABLE);

10.    RCC_APB2PeriphClockCmd(RCC_APB2Periph_ADC1,ENABLE);

11.

12.      /* PA0 - >ADC1CH0 引脚初始化*/

13.    GPIO_InitStructure.GPIO_Pin=GPIO_Pin_0;

14.    GPIO_InitStructure.GPIO_Mode=GPIO_Mode_AN;

15.    GPIO_InitStructure.GPIO_PuPd=GPIO_PuPd_NOPULL;

16.    GPIO_Init(GPIOA,&GPIO_InitStructure);

17.

18.       /* 复位 ADC*/

19.    RCC_APB2PeriphResetCmd(RCC_APB2Periph_ADC1,

20.                       ENABLE);  //ADC1 复位

21.    RCC_APB2PeriphResetCmd(RCC_APB2Periph_ADC1,

22.                       DISABLE);//复位结束

23.

24.       /* ADC 工作模式配置*/

25.    ADC_CommonInitStructure.ADC_Mode =

26.    ADC_Mode_Independent;//独立模式,即单通道模式

27.    ADC_CommonInitStructure.ADC_TwoSamplingDelay =

28.    ADC_TwoSamplingDelay_5Cycles;//相邻采样间延迟 5 个时钟

29.    ADC_CommonInitStructure.ADC_DMAAccessMode =

30.    ADC_DMAAccessMode_Disabled;//DMA 失能

31.    ADC_CommonInitStructure.ADC_Prescaler =

32.    ADC_Prescaler_Div4;//预分频 4,ADCCLK =84/4 =21MHz

33.    ADC_CommonInit(&ADC_CommonInitStructure);//初始化

34.

35.       /* ADC 转换配置
```

```
36.        12 位分辨率,非扫描模式,关闭连续转换,
37.        禁止触发检测,右对齐,转换序列数为 1
38.        * /
39.        ADC_InitStructure. ADC_Resolution = ADC_Resolution_12b;
40.        ADC_InitStructure. ADC_ScanConvMode = DISABLE;
41.        ADC_InitStructure. ADC_ContinuousConvMode = DISABLE
42.        ADC_InitStructure. ADC_ExternalTrigConvEdge =
43.        ADC_ExternalTrigConvEdge_None;
44.        ADC_InitStructure. ADC_DataAlign = ADC_DataAlign_Right;
45.        ADC_InitStructure. ADC_NbrOfConversion = 1;
46.        ADC_Init(ADC1,&ADC_InitStructure);//ADC 初始化
47.
48.        ADC_Cmd(ADC1,ENABLE);//开启 ADC
49. }
```

（2）读取 ADC 的转换结果。

```
1. uint16_t Get_Adc_Value(uint8_t channel)
2. {
3.     /* 指定 ADC 规则组通道,一个序列,采样时间* /
4.     ADC_RegularChannelConfig(ADC1,channel,1,
5.                         ADC_SampleTime_480Cycles);
6.     /* 启动转换* /
7.     ADC_SoftwareStartConv(ADC1);//使能指定的 ADC1 软件转换启动
8.     /* 等待转换结束* /
9.     while(! ADC_GetFlagStatus(ADC1,ADC_FLAG_EOC));
10.     return ADC_GetConversionValue(ADC1);//返回 ADC1 转换结果
11. }
```

（3）对 ADC 的转换结果取平均。

```
1. uint16_t Get_Adc_Average(uint8_t channel,uint8_t times)
2. {
3.     uint32_t temp_val = 0;
4.     uint8_t t;
```

```
5.      for(t=0;t<times;t++)
6.      {
7.              temp_val+=Get_Adc_Value(channel);
8.              delayMS(5);
9.      }
10.             return temp_val/times;
11. }
```

（4）在 main.c 中，换算并打印实际电压值。

```
1. while(1)
2. {
3.   /* 读取ADC1通道1的转换值*/
4.   ADC_Value=Get_Adc_Average(ADC_Channel_0,20);
5.   /* 换算成实际值*/
6.   ADC_Temp=(float)ADC_Value*(3.3/4096);
7.   /* 串口打印*/
8.   printf("%f\r\n",ADC_Temp);
9.   delayMS(250);
10. }
```

4.1.3　实验现象

串口端显示 ADC1_CH0 的外接电压值，如图 4.3 所示。

作　业

1　建立本实验工程，并下载到实验平台观察对应效果

2　本节难度调查请扫

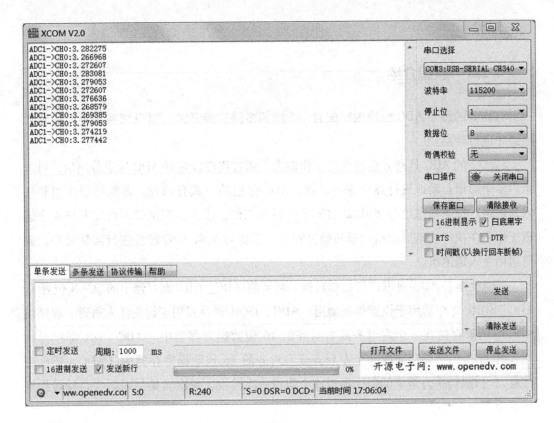

图 4.3

4.2　ADC 的多通道采集实验

 目　的

利用 ADC1_ CH4 ~ ADC1_ CH7 4 个通道按以下顺序采集测量外部电压值。

● 使用规则通道组循环扫描 CH4 ~ CH6 这 3 个通道并显示 AD 转换结果。

● 通过按下 KEY0 键启动注入转换组（CH7）并暂时显示注入转换组 A/D 转换结果。

● 松开 KEY0 键后，系统又会回到规则通道组继续检测规则通道组三通道。

4.2.1 原理介绍

STM32 的每个 ADC 模块内部配有一个模拟多路切换开关，可以切换到不同的输入通道并进行转换。

STM32 的 ADC 具有分组转换的工作能力。通过程序设置好 ADC 通道分组后，可对组内多个通道自动地进行逐个采样转换。ADC 分组的方式有两种，即规则通道组和注入通道组。规则通道组最多可以安排 16 个通道工作，注入通道组最多可以安排 4 个通道工作；在执行规则通道组扫描转换过程中，需要对个别 ADC 转换进行插队处理，则可启用注入通道组。

若需要对各 ADC 通道进行扫描转换，需要将 ADC_ CR1 寄存器中的 SCAN 位置1。ADC_ SQRx 寄存器用于设置规则通道；ADC_ JSQR 寄存器用于设置注入通道。规则组 ADC 的结果存储在一个左对齐或右对齐的 16 位数据寄存器中（ADC_ DR 寄存器）。注入组 ADC 的结果存储在一个左对齐或右对齐的 16 位数据寄存器中（ADC_ JDR 寄存器），扫描转换为组中的每个通道逐个执行一次转换，每次转换结束后会自动转换该组中的下一个通道。

4.2.2 编程方法

（1）在4.1节例程基础上，配置规则组与注入组所需的 GPIO。ADC_ CH4 ~ 7 映射在 GPIOA 的 PIN4 ~ 7 上。

```
1.GPIO_InitStructure.GPIO_Pin = GPIO_Pin_4 |GPIO_Pin_5 |GPIO_Pin_6 |
2.                              GPIO_Pin_7;
3.GPIO_InitStructure.GPIO_Mode = GPIO_Mode_AN;//模拟输入
4.GPIO_InitStructure.GPIO_PuPd = GPIO_PuPd_NOPULL;//不带上拉
5.GPIO_Init(GPIOA,&GPIO_InitStructure);//初始化
```

（2）同时加入下面的代码，配置通道7为注入组。

```
1.ADC_InjectedChannelConfig(ADC1,ADC_Channel_7,1,
2.                          ADC_SampleTime_480Cycles);//初始化通道1
3.ADC_InjectedSequencerLengthConfig(ADC1,1);   //注入序列长为1
```

```
4. ADC_ITConfig(ADC1,ADC_IT_JEOC,ENABLE);//注入中断初始化
```

（3）编写注入组通道中断服务函数，完成对注入组通道的转换与显示。

```
1. void ADC_IRQHandler(void)
2. {
3.    u16 ADC_VALUE;
4.    /* 注入通道转换完成标志 */
5.    if(ADC_GetFlagStatus(ADC1,ADC_FLAG_JEOC) = =1)
6.    {
7.        //读取注入通道转换寄存器的值
8.        ADC_VALUE = ADC_GetInjectedConversionValue(ADC1,
9.                   ADC_InjectedChannel_1);
10.       //转换并打印
11.       printf("注入组的 ADC 值:
12.               %.4f\r\n",((float)ADC_VALUE* 3.3/0xfff));
          ADC_ClearFlag(ADC1,ADC_FLAG_JEOC);//清除中断标志
13.       }
14. }
```

（4）在 main.c 中，按键开启对 ADC_CH7 的注入，循环打印 ADC_CH4～6 的转换结果。

```
1. while(1)
2. {
3.     /* 注入通道启动段 */
4.     if(KeyID = =KEY0_PRES)//按下 KEY0 键,启动注入通道转换
5.     {
6.         ADC1 - >CR2 |=1< <22;//直接对寄存器位操作
7.         KeyID =0;//转换结束后清除按键标志
8.     }
9.
10.        /* 循环打印规则通道 ADC_CH4 ～6 */
```

```
11.          ADC_Value = Get_Adc_Average(ADC_ch,20);
             ADC_Temp = (float)ADC_Value * (3.3/4096);
             printf("ADC1 - >CH% d:% f \r \n",ADC_ch,ADC_Temp);
12.          if( + +ADC_ch >6)ADC_ch =4;
13.          delayMS(1000);
14. }
```

4.2.3 实验现象

正常情况下，按顺序显示 ADC_ CH4 ~6 的转换结果。按键 KEY0 按下后，即刻显示注入组通道 ADC_ CH7 的结果。随后，继续按顺序显示 ADC_ CH4 ~6 的转换结果，如图 4.4 所示。

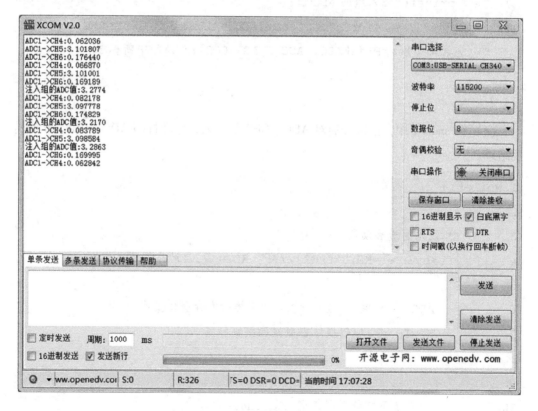

图 4.4

作 业

1 建立本实验工程，并下载到实验平台观察对应效果

2 在本实验基础上，采用 DMA 存储方式存储管理 ADC 转换数据

3 本节难度调查请扫

4.3 常用固件库函数

本单元主要固件库函数如表4.2所列。

表4.2

函数名	函数功能
ADC_ Init	根据 ADC_ InitStruct 中指定的参数，初始化外设 ADCx 的寄存器
ADC_ Cmd	使能或者失能指定的 ADC
ADC_ ITConfig	使能或者失能指定的 ADC 中断
ADC_ GetITStatus	检查指定的 ADC 中断是否发生

4.4 项目4：图形电量指示器的设计

4.4.1 方案设计

利用 ADC1_ CH5 设计一个 LCD 图形刻度显示电量指示器。ADC1_ CH5 与外接电位器相连，如图4.1所示。在"项目2：满意度评价器的设计"中使用了 LCD1602 作为显示器。但该模块只能显示单色内容，不能显示彩色内容。本项目建议使用 TFTLCD

彩色模块作为显示器。读者可根据需要选购合适的显示器。

在 TFTLCD 显示端，具体要求如下。

（1）当电量<2.5V 时，显示一格电量，且标示为红色。同时，LCD 提示："电压过低，请充电！"。

（2）当 2.5V <电量<2.7V 时，显示两格电，且标示为绿色。

（3）当 2.7V <电量<3V 时，显示三格电，且标示为绿色。

（4）当 3V <电量<3.3V 时，显示四格电，且标示为绿色。

（5）不管电压为多少，当按下 KEY1 键后，可以显示出当前电压值，精度要求小数点后两位。同时，LCD 提示："电压过低，请充电！"。

4.4.2 编程方法

（1）在 main. c 中，沿用 4.1 节的方法对 ADC 通道进行采样和转换。

```
1. while(1)
2. {
3.     ADC_Value = Get_Adc_Average(ADC_CH5,20);
4.     temp1 = (float)adcx* (3.3/4096);
5.     temp = temp1;
6.     adcx = temp;
7.     temp - = adcx;
8.     temp* =100;
9.     delay_ms(250);
```

（2）电压范围判断与指示。TFTLCD_ ShowString 函数用于显示字符串。TFTLCD_Fill 函数用于填充矩形内颜色。

```
10.   if(temp1 <2.5)
11.   {
12.       TFTLCD_ShowString(30,180,300,16,16,"The voltage
13.                        is too low,please charge!");
14.       TFTLCD_Fill(91,231,319,329,WHITE);//三格绿色，一格红色
15.       TFTLCD_Fill(91,331,319,429,WHITE);
```

```
16.        TFTLCD_Fill(91,431,319,529,WHITE);
17.        TFTLCD_Fill(91,531,319,629,RED);
18.    }
19.    if(temp1 >2.5&&temp1 <2.7)
20.    {
21.        TFTLCD_ShowString(30,180,400,16,16,"                    ");
22.        TFTLCD_Fill(91,231,319,329,WHITE);//两格绿色,两格白色
23.        TFTLCD_Fill(91,331,319,429,WHITE);
24.        TFTLCD_Fill(91,431,319,529,GREEN);
25.        TFTLCD_Fill(91,531,319,629,GREEN);
26.
27.    }
28.    if(temp1 >2.7&&temp1 <3.0)
29.    {
30.        TFTLCD_ShowString(30,180,400,16,16,"                    ");
31.        LCD_Fill(91,231,319,329,WHITE);//三格绿色,一格白色
32.        LCD_Fill(91,331,319,429,GREEN);
33.        LCD_Fill(91,431,319,529,GREEN);
34.        LCD_Fill(91,531,319,629,GREEN);
35.    }
36.    if(temp1 >3.0&&temp1 <3.3)//四格均为绿色
37.    {
38.        TFTLCD_ShowString(30,180,400,16,16,"
    ");
39.        TFTLCD_Fill(91,231,319,329,GREEN);
40.        TFTLCD_Fill(91,331,319,429,GREEN);
41.        TFTLCD_Fill(91,431,319,529,GREEN);
42. TFTLCD_Fill(91,531,319,629,GREEN);
43.    }
44.}
```

4.4.3　实验现象

当电量<2.5V时，LCD 显示如图4.5 所示；当2.5V<电量<2.7V 时，LCD 显示如图4.6 所示；当2.7V<电量<3V 时，LCD 显示如图4.7 所示；当3V<电量<3.3V 时，LCD 显示如图4.8 所示。

图 4.5

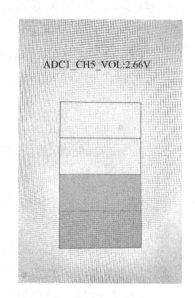

图 4.6

图 4.7

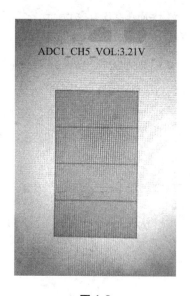

图 4.8

单元 5

智能巡迹车的设计

采用 STM32F4ZGT6 实验平台、红外传感模块、L298N 电机驱动模块、直流电机构成 STM32 智能巡迹小车。通过红外传感器采集道路信息并送给控制板进行分析。控制系统根据小车相对黑线的位置作出控制策略，控制小车做出沿着黑线左转、右转、直线前进等动作，并利用单 STM32F4ZGT6 产生 PWM 波形控制小车的运动速度。

5.1　硬件平台与搭建

小车俯视图如图 5.1 所示。

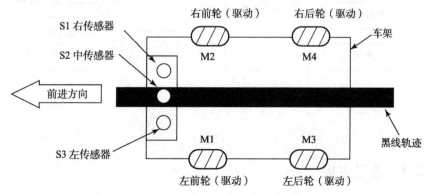

图 5.1

测试场地示意图如图5.2所示。测试场地为长2m、宽1.5m的平面区域。场地表面为白色。跑道宽1.5～50px，为黑色。跑道中间有白色的定位线。在位置1、2、3、4、5是随机的5个375px×250px的白心黑色图案，B、C、D、E是4个减速标志，由250px长、1.5～50px宽的黑色胶带粘贴而成。

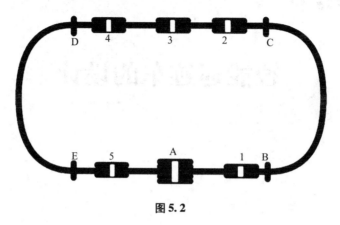

图5.2

5.2　总体设计

硬件系统总体框图由系统数字电源、系统功率电源、STM32F4ZGT6实验平台、红外光电传感器模块、电机驱动模块和4路直流减速电机构成，如图5.3所示。后期可加装红外遥控模块、超声波模块，以实现遥控智能小车和自动避障功能。

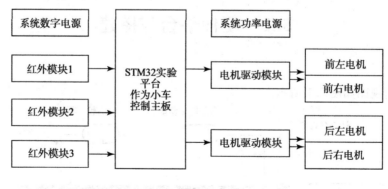

图5.3

5.2.1　控制主板

小车控制主板是整个智能小车的核心，本单元选用意法半导体公司的

STM32F4ZGT6 作为主板芯片。STM32F4ZGT6 采集红外光电传感器模块的信号，判定小车当前相对轨道的位置，再按照程序指令把处理的结果送给电机驱动模块，从而控制小车沿设定的轨道自动运行。

STM32F4ZGT6 单片机的引脚资源分配如表 5.1 所示。

表 5.1

单片机引脚	PC6 ~ 7	PD8 ~ 11	PC8 ~ 9	PD12 ~ 15	PC6 ~ 7
分配对象	左电机驱动使能	左电机正反转控制	右电机使能驱动	右电机正反转控制	左电机驱动使能

5.2.2 红外检测模块

红外检测模块是智能小车的轨道检测部分，是小车的视觉部分。小车通过红外检测模块并识别路面的轨迹信息后，测算出准确定位信息和运动控制信息，再将动作控制信息传递给电机驱动模块，从而控制左前轮、右前轮、左后轮、右后轮的转动方向和速度，达到完成巡航的目的。

使用红外光电传感器的最大优点是其结构简单、实现方便、成本低廉、避开繁杂的图像处理工作、反应灵敏、便于近距离路面的检测。红外光电传感器置于小车的前部底盘下方。

5.2.3 电机驱动模块

电机驱动模块是小车的运动核心部件，这里选用 ST 公司专门为控制和驱动电机设计的驱动芯片 L298N，该芯片具有工作电压高、输出电流大、输出饱和压降低、抗干扰能力强等特点。

L298N 模块内带稳压芯片，输出 5V 电压。IN1、IN2、IN3、IN4 分别与单片机 IO 口相连。只要配置相应单片机 IO 引脚，即可使电机产生以下动作。

IN1 = 0、IN2 = 1，对应电机正转。

IN1 = 0、IN2 = 0，对应电机反转。

IN3 = 0、IN4 = 1，对应电机正转。

IN3 = 0、IN4 = 0，对应电机反转。

5.3 系统电路原理

5.3.1 电源电路

1. 9V 电源

选用 9V 开关电源作为小车的电源供应，开关电源输出电流应大于 2A。实验平台上提供 9V 电源接口电路。

2. 5V 电源

由 L298N 电机驱动模块内部 5V 稳压电路产生 +5V 电压，供控制主板使用。

5.3.2 主控电路

本单元采用实验平台作为小车的主控电路。

5.3.3 电机驱动接口电路

每个 L298N 驱动模块能驱动两个直流电机，每个直流电机对应一对方向信号和一个使能信号，两个电机共用 6 个 GPIO。电机模块与实验平台连接如图 5.4 所示。

```
        P10                              P11
EN1 ┌──── 1 ┐                  EN3 ┌──── 1 ┐
AN1 ├──── 2 │                  CN1 ├──── 2 │
AN2 ├──── 3 │                  CN2 ├──── 3 │
BN1 ├──── 4 │                  DN1 ├──── 4 │
BN2 ├──── 5 │                  DN2 ├──── 5 │
EN2 ├──── 6 ┘                  EN4 ├──── 6 ┘
   CAR DRIVER1                    CAR DRIVER2
```

图 5.4

5.3.4　红外光电传感模块接口

本单元小车采用3个红外光电传感器，根据1.1.1小节中的IO引脚分配表（表1.1），连接到PG0~PG3，如图5.5所示。

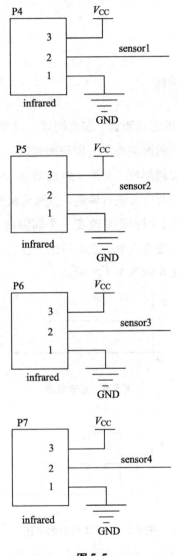

图5.5

红外光电传感模块由一对红外发射/接收管、信号处理电路、接口电路组成，对外有3个引脚，即电源、地、信号输出端。

假设红外发射管发出的红外信号照射到白色轨道后发生反射，接收管接收到反射回来的红外信号。当反射信号幅度达到一定值时，模块输出高电平。

假设红外发射管发出的红外信号照射到黑色轨道后发生反射，但黑色物质对红外信号的吸收率高，导致反射信号幅度过低，模块输出低电平。

5.4 原理与技术

5.4.1 PWM 调速原理

PWM 有 3 种实现方式，即定频调宽、定宽调频、调宽调频。

定频调宽是指将输出电压的周期固定（即频率固定），通过调整其脉冲宽度的方法来改变电压的大小。脉冲宽度调制技术常用于电机调速、温度控制等控制领域。

本小车采用定频调宽方式对电机进行调制。直流电机的 PWM 调速方式是，按一个固定的频率来接通和断开电源，根据需要改变一个周期内"接通"和"断开"时间的长短，即调整占空比。通过改变直流电机上电压的占空比来达到改变平均电压的大小，从而控制电机的转速，如图 5.6 和图 5.7 所示。

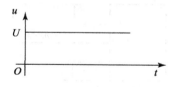

图 5.6 直流电压

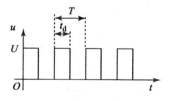

图 5.7 PWM 波形的电压

若把图 5.6 所示波形的电压加到直流电机两端，则直流电机两端的电压大小为 U。此时，直流电机就会旋转起来，且转速会稳定到某一值 v。

若把图 5.7 所示波形的电压加到直流电机两端，则在一个周期 T 里 t_d 时间内直流电机两端电压大小为 U，在 $T-t_d$ 时间内直流电机两端电压大小为 0。而在一个周期内直流电机两端的平均电压大小为$\frac{t_\mathrm{d}}{T}U$。此时，直流电机会旋转起来，转速为$\frac{t_\mathrm{d}}{T}v$。前面两式中$\frac{t_\mathrm{d}}{T}$定义为占空比，常用D表示，即$D = \frac{t_\mathrm{d}}{T}$。如果周期不变，通过改变一个周期$T$内$t_\mathrm{d}$的值，从而改变平均电压大小为$\frac{t_\mathrm{d}}{T}U$，进而改变直流电机的转速$\frac{t_\mathrm{d}}{T}v$。

5.4.2　L298N 驱动电路

L298 是 SGS 公司的产品，比较常见的是 15 脚 Multiwatt 封装的 L298N，内部同样包含 4 通道逻辑驱动电路。可以方便地驱动两个直流电机或一个两相步进电机。L298N 芯片的外形及引脚排列如图 5.8 所示。

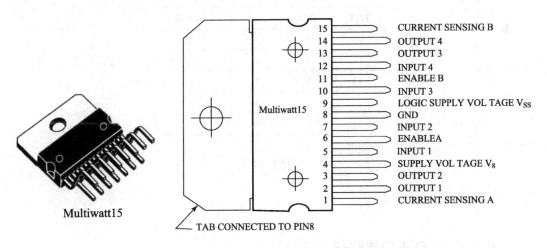

图 5.8　L298N 芯片的外形及引脚排列

L298N 可接收标准 TTL 逻辑电平信号。4 脚 V_S 接电源电压，电压范围为 + 2.5 ~ 46 V。1 脚和 15 脚可单独引出接采样电阻，形成电流传感信号。L298 可同时驱动两个电动机，2 脚的 OUT1 与 3 脚的 OUT2 之间、13 脚的 OUT3 与 14 脚的 OUT4 之间可分别接两组电动机，输出电流可达 2.5 A。5 脚与 7 脚之间、10 脚与 12 脚之间可分别接主控板传来的控制电平，控制电机的正/反转。6 脚的 ENABLE A、11 脚的 ENABLE B 分别接使能信号，控制电机的启停。

L298N 的输入端 ENA、IN1、IN2 与输出端 OUT1、OUT2 驱动一路电机，电机和信号之间的逻辑关系如图 5.9 所示。

ENA	IN1	IN2	运转状态
0	x	x	停止
1	1	0	正转
1	0	1	反转
1	1	1	停止
1	0	0	停止

图 5.9

从图 5.9 可以看出，当使能端 ENA 为低电平时，输入电平 IN1、IN2 对电机不起控制作用；当使能端 ENA 为高电平，输入电平 IN1、IN2 为一高一低，电机正转或反转，同为低电平电机停止，同为高电平电机刹停。

输入端 ENB、IN3、IN4 与输出端 OUT3、OUT4 驱动另一路电机，电机和信号之间的逻辑关系如图 5.10 所示。

ENB	IN3	IN4	运转状态
0	x	x	停止
1	1	0	正转
1	0	1	反转
1	1	1	停止
1	0	0	停止

图 5.10

5.4.3 红外光电传感器

红外光电传感器是各种光电检测系统中实现光电转换的关键元件，它是把光信号（红外、可见及紫外光辐射）转变成为电信号的器件。由于光电传感器具有结构简单、重量轻、体积小、响应快、性能稳定及具有很高的灵敏度等优点，因此在检测和自动控制等领域中应用广泛。

红外光电传感器按其工作原理可分为模拟式和脉冲式两类。模拟式是指光敏器件的光电流的大小随光通量的大小而变化，为光通量的函数。而脉冲式光敏器件的输出仅有两种稳定的状态，也就是"通"与"断"的开关状态，即光敏器件受光照时有电信号输出，不受光照射时无电信号输出。

本单元小车采用的红外光电传感器根据反射式光电传感器原理工作，传感模块实物及与实验平台的连接如图5.11所示。

图5.11

红外光电传感器有一对红外线发射与接收管，发射管发射出一定频率的红外线。当红外线遇到黑色物体时就被吸收掉了，不能反射给红外接收管，经过电路处理后该传感器的信号输出端口OUT输出低电平（0V），此时传感器上的红灯熄灭；当红外线遇到白色物体时就被反射回来了，被红外接收管接收，经过电路处理后该传感器的信号输出端口OUT输出高电平（+3.3V），此时传感器上的红灯亮。

红外传感器主要技术参数如下。

（1）工作电源：+5V或3.3V，本单元采用3.3V给红外传感器供电。

（2）工作电流：小于15mA。

（3）工作温度范围：−10～+70℃。

（4）输入/输出接口：3线制接口（VCC/GND/OUT）。

（5）输出电平：TTL电平（黑线低电平有效，白线高电平有效）。

（6）固定孔径：3mm。

（7）反馈指示灯：红色。

5.4.4　小车巡迹方式

巡迹的目的是让小车沿着黑线轨迹前进。小车通过3组红外光电传感器获得位置信息。位置信息共有8种状态，不同的状态对应不同的动作。

1. 小车前进方向与黑线垂直

当3个传感器都检测到黑线时，小车处于图5.12所示的状态，此时可控制小车左转，使得小车之后沿着黑线前进。

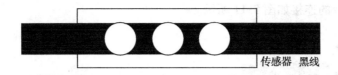

图 5.12

2. 黑线略偏左状态

当左传感器和中传感器都检测到黑线，而右传感器检测到白线，如图 5.13 所示，此时可控制小车微向左转，速度不变。

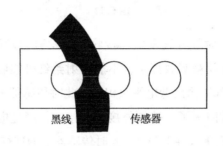

黑线　　　　　传感器

图 5.13

3. 黑线极度偏左状态

当只有左传感器检测到黑线，中间及右传感器均检测到白线，如图 5.14 所示，此时小车应减速，并尽可能向左转。

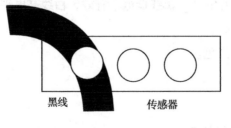

黑线　　　　　传感器

图 5.14

4. 黑线略偏右状态

右、中传感器检测到黑线，而左传感器检测到白线，如图 5.15 所示，此时小车可微向右转，速度不变。

图 5.15

5. 黑线极度偏右状态

只有右传感器检测到黑线，中间及左传感器均检测到白线，如图 5.16 所示，此时小车应减速，并尽可能向右转。

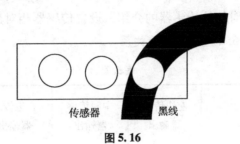

图 5.16

6. 黑线正中状态

只有中间传感器检测到黑线。如图 5.17 所示，当小车处于此状态时，其方向无须调整，可继续前进，适当加速。

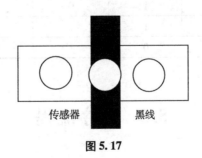

图 5.17

7. 没有寻找到黑线状态

如果 3 个传感器都没有检测到黑线，如图 5.18 所示，此时可以让小车慢速前进、寻找黑线。定义此状态的意义在于让小车可以自主巡迹。在自主巡迹过程中，只要黑线在前方，小车就可以找到黑线，之后沿着黑线前进。

图 5.18

8. 可自定义的状态

当黑线只有一条时，只有左传感器和右传感器检测到黑线而中传感器没有检测到黑线的情况是不可能的。通过修改轨道设计，如在轨道急促转弯前设置一个中间白两边黑的方框，小车可以提前减速，以顺利通过急转弯。

9. 传感器电平与小车位置关系

根据 5.4.3 小节中对红外传感器的介绍，设置传感器相对黑线位置的输出电平与小车运动方向之间有表 5.2 所列的对应关系。

表 5.2

黑线的位置	左边传感器输出	中间传感器输出	右边传感器输出	小车需调整的方向
3 个传感器都检测到黑线	0	0	0	左转
黑线略偏左	0	0	1	微向左转
黑线极度偏左	0	1	1	左转
黑线略偏右	1	0	0	微向右转
黑线极度偏右	1	1	0	向右转
黑线正中	1	0	1	直行
3 个传感器都没检测到黑线	1	1	1	直行
自定义状态	0	1	0	减速或其他

5.5   程序流程

5.5.1   主程序流程

图 5.19 所示为本单元主程序流程。在初始化系统时钟、中断分组、电机驱动 GPIO

口、红外检测 GPIO 口、PWM 定时器 T3 后，主循环实现小车轨道检测，并根据小车相对于轨道的状态，控制小车执行相应的动作。

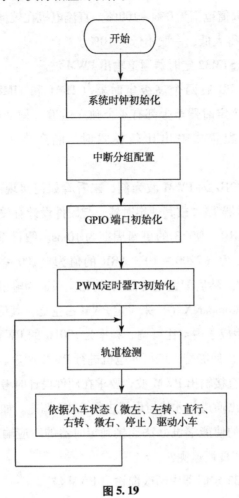

图 5.19

5.5.2 调速算法汇总

对直流电机进行 PWM 调速，首先要确定 PWM 频率，不同电机有不同的最佳 PWM 频率。一般情况下，可取 100Hz 作为 PWM 调速的频率。要产生周期一定、脉宽可调的 PWM 波来驱动直流电机进行调速，可以通过几种不同的方法来实现。

方法一：定时器计数法。

通过分割 PWM 的一个工作周期，将 PWM 周期定为 n_{PWMMax} 个计数值，在定时器（如 0.1ms 的 T3）更新中断里对 n_{PWM} 进行计数，当 n_{PWM} 计数值为 n_{PWMMax} 时，重新开始计数，进入下一个 PWM 周期。如果 PWM 频率取 100Hz，利用 0.1ms 的定时器进行计数，则 $n_{PWMMax}=100$，电机在 $0 \sim n_{PWM}$ 范围内时得电工作，这样 n_{PWM} 与 n_{PWMMax} 的比值就是 PWM 的占空比，其取值范围为 $0\% \sim 100\%$。直流电机在较低占空比情况下会出现堵转现象，占空比不能取得太低，一般不低于 10%。

方法二：直接利用 STM32 定时器通道输出 PWM 波。

STM32F103 系列 CPU 有两个高级定时器（TIM1 和 TIM8）和 4 个通用定时器（TIM2 ~ TIM5），这 6 个定时器至少都有 4 个独立通道，每个通道可配置成输入捕获或输出比较，当通道配置成输出比较模式时，能产生占空比和频率均可调的 PWM 波。

这里同样以产生 100Hz 的 PWM 波为例，来看看如何实现 PWM 波的生成和输出。首先配置 STM32 的定时器 T3（或其他定时器，与硬件设计有关，下同）时钟分频因子 PSC 和自动重装载值 ARR，使 T3 的更新周期为 10ms。假设系统时钟配置成 72MHz，可选时钟分频因子 PSC 为（7200 − 1），ARR 的值为（100 − 1），这样就可使 T3 以 10ms 周期进行更新计数。然后配置定时器 T3 的相应通道为输出比较模式，利用输出比较设置库函数 TIM_ SetCompareX（）来设定 PWM 占空比，其值可从 0 ~ ARR 变化，这样在 T3 的对应通道就生成了占空比可调、频率为 100Hz 的 PWM 波。利用 T3 通道的输出引脚控制 L298N 的电机使能端，就可对电机进行 PWM 调速。

利用定时器的通道直接输出 PWM 波，要求在硬件设计时考虑电机使能端要能连接到相应定时器的对应输出通道，才能对电机进行 PWM 调速。如果在设计硬件电路时没有考虑到这一点，电机的使能端没办法连接到定时器的对应输出通道，又将如何利用定时器的 PWM 功能来实现调速呢？

方法三：利用 STM32 定时器中断改向输出 PWM 波。

此方法定时器的配置与方法二的定时器配置相同，只是无法直接使用定时器的输出通道。利用定时器的更新中断 TIM_ IT_ Update 和输入捕获输出比较中断 TIM_ IT_ CCx 来控制指定 GPIO 口的高、低电平翻转，从而在连接到电机使能端的 GPIO 口上输出 PWM 波。

当定时器产生更新中断 TIM_ IT_ Update 时，使 GPIO 引脚输出高电平，定时器重新开始计数，在计数到 TIM_ SetCompareX（）指定的数值时，产生输出比较中断 TIM_ IT_ CCx，在这个中断里，将 GPIO 引脚的电平拉低，直到更新中断时产生新一轮循环，这样就利用 STM32 定时器的更新和输出比较中断在任意指定的 GPIO 引脚上输出占空比可调的 PWM 波，从而控制电机使能端进行 PWM 调速。

5.5.3 关键代码

1. 电机驱动函数

```
1. /* 控制电机的方向、速度与转运时间* /
2. void RobotMove(u8 direction,u8 speed,float second)
3. {
4.   if(direction = =LEFT){LMState =BACKWARD;RMState =FORWARD;}
5.   else if(direction = =RIGHT){LMState =FORWARD;RMState =BACKWARD;}
6.   else
7.   if(direction = =FORWARD_LEFT)
8.         {LMState =STOP;RMState =FORWARD;}
9.   else if(direction = =FORWARD_RIGHT)
10.         {LMState =FORWARD;RMState =STOP;}
11.   else if(direction = =FORWARD)
12.         {LMState =FORWARD;RMState =FORWARD;}
13.   else if(direction = =BACKWARD)
14.         {LMState =BACKWARD;RMState =BACKWARD;}
15.   else
16.         {LMState =STOP;RMState =STOP;}
17.   LeftSpeed = speed;
18.   RightSpeed = speed;
19.   nTime =(u32)(second* 1000* 10);
      //定义秒级时间片,0.1ms* 10* 1000.
      while(nTime)//动作倒计时在 TIM3 中断中完成
20.   {
21.   if(nPwm < =LeftSpeed)
22.   {
23.         if(LMState = =FORWARD)
```

```
24.          {
25.                  //左前后轮转运命令
26.                  GPIO_SetBits(GPIO_Motor,LMIN1|LMIN3);
27.                  GPIO_ResetBits(GPIO_Motor,LMIN2|LMIN4);
28.                  //使能左前后轮开关
29.                  GPIO_SetBits(GPIO_Motor,LMENA|LMENB);
             }
30.          //依次类推
31.          else if(LMState= =BACKWARD)
32.          {
33.                  GPIO_SetBits(GPIO_Motor,LMIN2|LMIN4);
34.                  GPIO_ResetBits(GPIO_Motor,LMIN1|LMIN3);
35.                  GPIO_SetBits(GPIO_Motor,LMENA|LMENB);
36.          }
37.  }
38.  else
39.  {
40.          GPIO_ResetBits(GPIO_Motor,LMENA|LMENB);
41.  }
42.
43.  if(nPwm< =RightSpeed)
44.  {
45.          if(RMState= =FORWARD)
46.          {
47.                  GPIO_SetBits(GPIO_Motor,RMIN1|RMIN3);
48.                  GPIO_ResetBits(GPIO_Motor,RMIN2|RMIN4);
49.                  GPIO_SetBits(GPIO_Motor,RMENA|RMENB);
50.          }
51.          else if(RMState= =BACKWARD)
52.          {
53.                  GPIO_SetBits(GPIO_Motor,RMIN2|RMIN4);
54.                  GPIO_ResetBits(GPIO_Motor,RMIN1|RMIN3);
```

```
55.              GPIO_SetBits(GPIO_Motor,RMENA |RMENB);
56.         }
57.    }
58.    else
59.    {
60.         GPIO_ResetBits(GPIO_Motor,RMENA |RMENB);
61.    }
62. }
63. LMState = STOP;RMState = STOP;
64. }
```

2. 红外巡迹函数

```
1. u8 GetRobotWay(void)
2. {
3.    u8 state =ALL_WHITE;
4.    //黑线略偏左,小车微向左转
5.    if(SensorL = =BLACK&&SensorM = =BLACK&&SensorR!=BLACK)
6.        state =LINE_SLEFT;
7.    //黑线极偏左,小车向左转
8.    else if(  (SensorL = =BLACK)&&
9.             (SensorM!=BLACK)&&
10.            (SensorR!=BLACK)  )
11.            state =LINE_LEFT;
12.    //黑线略偏右,小车微向右转
13.    else if(  (SensorL!=BLACK)&&
14.            (SensorM = =BLACK)&&
15.            (SensorR = =BLACK)  )
16.            state =LINE_SRIGHT;
17.    //黑线偏右,小车向右转
18.    else if(  (SensorL!=BLACK)&&
19.            (SensorM!=BLACK)&&
```

```
20.        (SensorR = =BLACK)  )
21.          state =LINE_RIGHT;
22.    //黑线正中,小车前进
23.    else if(  (SensorL!=BLACK)&&
24.        (SensorM = =BLACK)&&
25.        (SensorR!=BLACK)  )
26.          state =LINE_CENTER;
27.    //三个传感器都检测到黑线
28.    else if(  (SensorL = =BLACK)&&
29.        (SensorM = =BLACK)&&
30.        (SensorR = =BLACK)  )
31.          state =ALL_BLACK;
32.    return state;
33. }
```

3. 定时器3中断服务函数

```
1. void TIM3_IRQHandler(void)
2. {
3.   extern u16 nPwm;
4.   extern u32 nTime;
5.   if(TIM_GetITStatus(TIM3,TIM_IT_Update)!=RESET)
6.     {
7.         TIM_ClearITPendingBit(TIM3,TIM_IT_Update  );
8.         if(nTime!=0)nTime -- ;//时间片计时,0.1ms 的定时
9.         nPwm + +;
10.        if(nPwm = =100)nPwm =0;//PWM 周期为 10ms,即 100Hz
11.     }
12. }
```

4. 主循环任务

```
1. while(1)
```

```
2.    {
3.    state = GetRobotWay();//检测小车相对于黑线的相对位置
4.    switch(state)
5.    {
6.          //指定动作类型,速度(占空比 20/100),时间片(s 为单位)
7.          case LINE_SLEFT:RobotMove(FORWARD_LEFT,20,0.008);
8.          break;
9.          //依次类推
10.         case LINE_LEFT:RobotMove(LEFT,10,0.008);
11.         break;
12.         case LINE_SRIGHT:RobotMove(FORWARD_RIGHT,20,0.008);
13.         break;
14.         case LINE_RIGHT:RobotMove(RIGHT,10,0.008);
15.         break;
16.         case LINE_CENTER:RobotMove(FORWARD,50,0.008);
17.         break;
18.         case ALL_BLACK:RobotMove(FORWARD_LEFT,15,0.008);
19.         break;
20.         default:RobotMove(STOP,10,0.001);
21.         break;
22.    }
23. }
```

　作　业

1　建立本项目工程，并下载到实验平台观察对应效果

2　在本项目的基础上，添加红外遥控模块、超声波模块程序、LCD1602 程序，实现遥控智能小车和自动避障功能

3　本节难度调查请扫

附录1 设备总览[①]

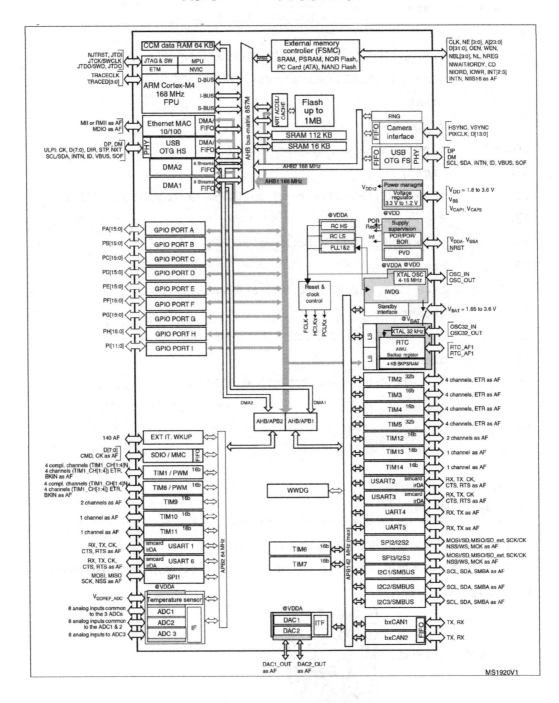

---

① 附录资料均来源于《STM32F407 数据手册（ST 官方）》。

附录2　时　钟　树

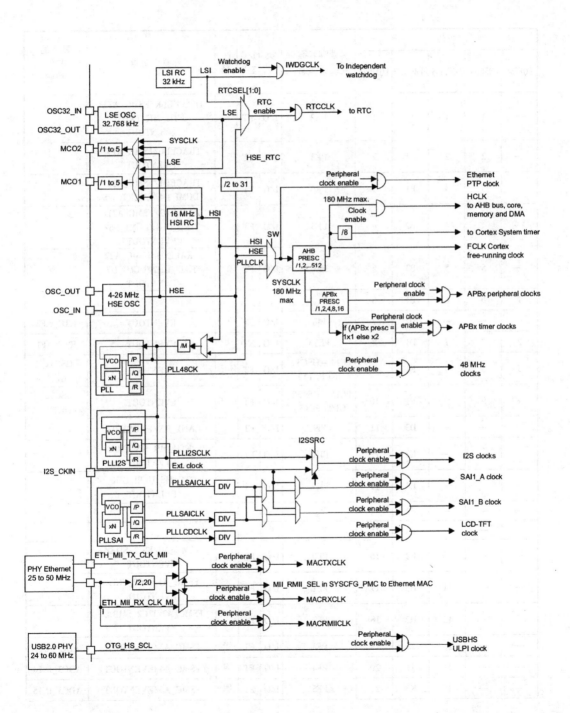

附录3　STM32F40x 引脚定义

脚位					管脚名称 复位后功能[1]	类型	I/O 电平	注释	复用功能	默认的 其他 功能
LQFP64	LQFP100	LQFP144	UFBGA176	LQFP176						
—	1	1	A2	1	PE2	I/O	FT		TRACECLK/FSMC_A23/ ETH_MII_TXD3 EVENTOUT	
—	2	2	A1	2	PE3	I/O	FT		TRACED0/FSMC_A19/ EVENTOUT	
—	3	3	B1	3	PE4	I/O	FT		TRACED1/FSMC_A20/ DCMI_D4/EVENTOUT	
—	4	4	B2	4	PE5	I/O	FT		TRACED2/FSMC_A21/ TIM9_CH1/DCMI_D6/ EVENTOUT	
—	5	5	B3	5	PE6	I/O	FT		TRACED3/FSMC_A22 TIM9_CH2/DCMI_D7 EVENTOUT	
1	6	6	C1	6	V_{BAT}	S				
—	—	—	D2	7	PI8	I/O	FT	[2][3]	EVENTOUT	RTC_AF2
2	7	7	D1	8	PC13	I/O	FT	[2][3]	EVENTOUT	RTC_AF1
3	8	8	E1	9	PC14 – OSC32_ IN(PC14)	I/O	FT	[2][3]	EVENTOUT	OSC32_ IN[4]
4	9	9	F1	10	PC15 – OSC32_ OUT(PC15)	I/O	FT	[2][3]	EVENTOUT	OSC32_ OUT[4]
—	—	—	D3	11	PI9	I/O	FT		CAN1_RX/EVENTOUT	
—	—	—	E3	12	PI10	I/O	FT		ETH_MII_RX_ER/ EVENTOUT	
—	—	—	E4	13	PI11	I/O	FT		OTG_HS_ULPI_DIR/ EVENTOUT	
—	—	—	F2	14	V_{SS}	S				
—	—	—	F3	15	V_{DD}	S				
—	—	10	E2	16	PF0	I/O	FT		FSMC_A0/I2C2_SDA/ EVENTOUT	
—	—	11	H3	17	PF1	I/O	FT		FSMC_A1/I2C2_SCL/ EVENTOUT	
—	—	12	H2	18	PF2	I/O	FT		FSMC_A2/I2C2_SMBA/ EVENTOUT	
—	—	13	J2	19	PF3	I/O	FT	[4]	FSMC_A3/EVENTOUT	ADC3_IN9
—	—	14	J3	20	PF4	I/O	FT	[4]	FSMC_A4/EVENTOUT	ADC3_IN14
—	—	15	K3	21	PF5	I/O	FT	[4]	FSMC_A5/EVENTOUT	ADC3_IN15

脚位					管脚名称 复位后功能(1)	类型	I/O 电平	注释	复用功能	默认的 其他 功能
LQFP64	LQFP100	LQFP144	UFBGA176	LQFP176						
—	10	16	G2	22	V_{SS}	S				
—	11	17	G3	23	V_{DD}	S				
—	—	18	K2	24	PF6	I/O	FT	(4)	TIM10_CH1/FSMC_NIORD/EVENTOUT	ADC3_IN4
—	—	19	K1	25	PF7	I/O	FT	(4)	TIM11_CH1/FSMC_NREG/EVENTOUT	ADC3_IN5
—	—	20	L3	26	PF8	I/O	FT	(4)	TIM13_CH1/FSMC_NIOWR/EVENTOUT	ADC3_IN6
—	—	21	L2	27	PF9	I/O	FT	(4)	TIM14_CH1/FSMC_CD/EVENTOUT	ADC3_IN7
—	—	22	L1	28	PF10	I/O	FT	(4)	FSMC_INTR/EVENTOUT	ADC3_IN8
5	12	23	G1	29	PH0－OSC_IN（PH0）	I/O	FT		EVENTOUT	OSC_IN(4)
6	13	24	H1	30	PH1－OSC_OUT（PH1）	I/O	FT		EVENTOUT	OSC_OUT(4)
7	14	25	J1	31	NRST	I/O	RST			
8	15	26	M2	32	PC0	I/O	FT	(4)	OTG_HS_ULPI_STP/EVENTOUT	ADC123_IN10
9	16	27	M3	33	PC1	I/O	FT	(4)	ETH_MDC/EVENTOUT	ADC123_IN11
10	17	28	M4	34	PC2	I/O	FT	(4)	SPI2_MISO/OTG_HS_ULPI_DIR/TH_MII_TXD2/I2S2ext_SD/EVENTOUT	ADC123_IN12
11	18	29	M5	35	PC3	I/O	FT	(4)	SPI2_MOSI/I2S2_SD/OTG_HS_ULPI_NXT/ETH_MII_TX_CLK/EVENTOUT	ADC123_IN13
—	19	30	G3	36	V_{DD}	S				
12	20	31	M1	37	V_{SSA}	S				
—	—	—	N1	—	V_{REF-}	S				
—	21	32	P1	38	V_{REF+}	S				
13	22	33	R1	39	V_{DDA}	S				

续表

脚位					管脚名称复位后功能(1)	类型	I/O电平	注释	复用功能	默认的其他功能
LQFP64	LQFP100	LQFP144	UFBGA176	LQFP176						
14	23	34	N3	40	PA0 – WKUP（PA0）	I/O	FT	(5)	USART2_CTS/UART4_TX/ETH_MII_CRS/TIM2_CH1_ETR/TIM5_CH1/TIM8_ETR/EVENTOUT	ADC123_IN0/WKUP(4)
15	24	35	N2	41	PA1	I/O	FT	(4)	USART2_RTS/UART4_RX/ETH_RMII_REF/CLK_ETH_MII_RX_CLK/TIM5_/_CH2/TIMM2_CH2/EVENTOUT	ADC123_IN1
16	25	36	P2	42	PA2	I/O	FT	(4)	USART2_TX/TIM5_CH3/TIM9_CH1/TIM2_CH3/ETH_MDIO/EVENTOUT	ADC123_IN2
—	—	—	F4	43	PH2	I/O	FT		ETH_MII_CRS/EVENTOUT	
—	—	—	G4	44	PH3	I/O	FT		ETH_MII_COL/EVENTOUT	
—	—	—	H4	45	PH4	I/O	FT		I2C2_SCL/OTG_HS_ULPI_NXT/EVENTOUT	
—	—	—	J4	46	PH5	I/O	FT		I2C2_SDA/EVENTOUT	
17	26	37	R2	47	PA3	I/O	FT	(4)	USART2_RX/TIM5_CH4/TIM9_CH2/TIM2_CH4/OTG_HS_ULPI_D0/ETH_MII_COL/EVENTOUT	ADC123_IN3
18	27	38	—	48	V_{SS}	S				
			L4	—	BYPASS_REG	1	FT			
19	28	39	K4	49	V_{DD}	S				
20	29	40	N4	50	PA4	I/O	TTa	(4)	SPI1_NSS/SPI3_NSS/USART2_CK/DCMI_HSYNC/OTG_HS_SOF/I2S3_WS/EVENTOUT	ADC12_IN4/DAC1_OUT
21	30	41	P4	51	PA5	I/O	TTa	(4)	SPI1_SCK/OTG_HS_ULPI_CK/TIM2_CH1_ETR/TIM8_CHIN/EVENTOUT	ADC12_IN5/DAC2_OUT
22	31	42	P3	52	PA6	I/O	FT	(4)	SPI1_MISO/TIM8_BKIN/TIM13_CH1/DCMI_PIXCLK/TIM3_CH1/TIM1_BKIN/EVENTOUT	ADC12_IN6

脚位					管脚名称复位后功能(1)	类型	I/O电平	注释	复用功能	默认的其他功能
LQFP64	LQFP100	LQFP144	UFBGA176	LQFP176						
23	32	43	R3	53	PA7	I/O	FT	(4)	SPI1_MOSI/TIM8_CH1N/TIM14_CH1/TIM3_CH2/ETH_MII_RX_DV/TIM1_CH1N/RMII_CRS_DV/EVENTOUT	ADC12_IN7
24	33	44	N5	54	PC4	I/O	FT	(4)	ETH_RMII_RX_D0/ETH_MII_RX_D0/EVENTOUT	ADC12_IN14
25	34	45	P5	55	PC5	I/O	FT	(4)	ETH_RMII_RX_D1/ETH_MIII_RX_D1/EVENTOUT	ADC12_IN15
26	35	46	R5	56	PB0	I/O	FT	(4)	TIM3_CH3/TIM8_CH2N/OTG_HS_ULPI_D1/ETH_MII_RXD2/TIM1_CH2N/EVENTOUT	ADC12_IN8
27	36	47	R4	57	PB1	I/O	FT	(4)	TIM3_CH4/TIM8_CH3N/OTG_HS_ULPI_D2/ETH_MII_RXD3/OTG_HS_INTN/TIM1_CH3N/EVENTOUT	ADC12_IN9
28	37	48	M6	58	PB2 – BOOT1（PB2）	I/O	FT		EVENTOUT	
—	—	49	R6	59	PF11	I/O	FT		DCMI_12/EVENTOUT	
—	—	50	P6	60	PF12	I/O	FT		FSMC_A6/EVENTOUT	
—	—	51	M8	61	V_{SS}	S				
—	—	52	N8	62	V_{DD}	S				
—	—	53	N6	63	PF13	I/O	FT		FSMC_A7/EVENTOUT	
—	—	54	R7	64	PF14	I/O	FT		FSMC_A8/EVENTOUT	
—	—	55	P7	65	PF15	I/O	FT		FSMC_A9/EVENTOUT	
—	—	56	N7	66	PG0	I/O	FT		FSMC_A10/EVENTOUT	
—	—	57	M7	67	PG1	I/O	FT		FSMC_A11/EVENTOUT	
—	38	58	R8	68	PE7	I/O	FT		FSMC_D4/TIM1_ETR/EVENTOUT	
—	39	59	P8	69	PE8	I/O	FT		FSMC_D5/TIM1_CH1N/EVENTOUT	
—	40	60	P9	70	PE9	I/O	FT		FSMC_D6/TIM1_CH1/EVENTOUT	
—	—	61	M9	71	V_{SS}	S				

LQFP64	LQFP100	LQFP144	UFBGA176	LQFP176	管脚名称 复位后功能[1]	类型	I/O电平	注释	复用功能	默认的其他功能
—	—	62	N9	72	V_{DD}	S				
—	41	63	R9	73	PE10	I/O	FT		FSMC_D7/TIM1_CH2N/ EVENTOUT	
—	42	64	P10	74	PE11	I/O	FT		FSMC_D8/TIM1_CH2/ EVENTOUT	
—	43	65	R10	75	PE12	I/O	FT		FSMC_D9/TIM1_CH3N/ EVENTOUT	
—	44	66	N11	76	PE13	I/O	FT		FSMC_D10/TIM1_CH3/ EVENTOUT	
—	45	67	P11	77	PE14	I/O	FT		FSMC_D11/TIM1_CH4/ EVENTOUT	
—	46	68	R11	78	PE15	I/O	FT		FSMC_D12/TIM1_BKIN/ EVENTOUT	
29	47	69	R12	79	PB10	I/O	FT		SPI2_SCK/I2S2_CK/ I2C2_SCL/USART3_TX/ OTG_HS_ULPI_D3/ ETH_MII_RX_ER/ TIM2_CH3/EVENTOUT	
30	48	70	R13	80	PB11	I/O	FT		I2C2_SDA/USART3_RX/ OTG_HS_ULPI_D4/ ETH_RMII_TX_EN/ ETH_MII_TX_EN/ TIM2_CH4/EVENTOUT	
31	49	71	M10	81	V_{CAP_1}	S				
32	50	72	N10	82	V_{DD}	S				
—	—	—	M11	83	PH6	I/O	FT		I2C2_SMBA/TIM12_CH1/ ETH_MII_RXD2/ EVENTOUT	
—	—	—	N12	84	PH7	I/O	FT		I2C3_SCL/ETH_MII_ RXD3/EVENTOUT	
—	—	—	M12	85	PH8	I/O	FT		I2C3_SDA/DCMI_ HSYNC/EVENTOUT	
—	—	—	M13	86	PH9	I/O	FT		I2C3_SMBA/TIM12_CH2 DCMI_D0/EVENTOUT	
—	—	—	L13	87	PH10	I/O	FT		TIM5_CH1/DCMI_D1/ EVENTOUT	
—	—	—	L12	88	PH11	I/O	FT		TIM5_CH2/DCMI_D2/ EVENTOUT	

脚位					管脚名称 复位后功能(1)	类型	I/O 电平	注释	复用功能	默认的 其他 功能
LQFP64	LQFP100	LQFP144	UFBGA176	LQFP176						
—	—	—	K12	89	PH12	I/O	FT		TIM5_CH3/DCMI_D3/ EVENTOUT	
—	—	—	H12	90	V$_{SS}$	S				
—	—	—	J12	91	V$_{DD}$	S				
33	51	73	P12	92	PB12	I/O	FT		SPI2_NSS/I2S2_WS/ I2C2_SMBA/USART3_ CK/TIM1_BKIN/CAN2_ RX/OTG_HS_ULPI_ D5/ETH_RMII_TXD0/ ETH_MIIVTXD0/ OTG_HS_ID/EVENTOUT	
34	52	74	P13	93	PB13	I/O	FT		SPI2_SCK/I2S2_CK/ USART3_CTS/ TIM1_CH1N/CAN2_TX/ OTG_HS_ULPI_D6/ ETH_RMII_TXD1/ ETH_MII_TXD1/ EVENTOUT	OTG_HS_ VBUS
35	53	75	R14	94	PB14	I/O	FT		SPI2_MISO/TIM1_CH2N/ TIM12_CH1/OTG_HS_ DM/USART3_RTS/TIM8_ CH2N/I2S2ext_SD/ EVENTOUT	
36	54	76	R15	95	PB15	I/O	FT		SPI2_MISO/I2S2_SD/ TIM1_CH3N/TIM8_ CH3N/TIM12_CH2/OTG_ HS_DP/EVENTOUT	
—	55	77	P15	96	PD8	I/O	FT		FSMC_D13/USART3_TX/ EVENTOUT	
—	56	78	P14	97	PD9	I/O	FT		FSMC_D14/USART3_ RX/EVENTOUT	
—	57	79	N15	98	PD10	I/O	FT		FSMC_D15/USART3_ CK/EVENTOUT	
—	58	80	N14	99	PD11	I/O	FT		FSMC_CLE/FSMC_ A16/USART3_CTS/ EVENTOUT	
—	59	81	N13	100	PD12	I/O	FT		FSMC_ALE/ FSMC_A17/TIM4_CH1/ USART3_RTS/EVENTOUT	

续表

脚位					管脚名称 复位后功能[1]	类型	I/O 电平	注释	复用功能	默认的 其他 功能
LQFP64	LQFP100	LQFP144	UFBGA176	LQFP176						
—	60	82	M15	101	PD13	I/O	FT		FSMC_A18/TIM4_CH2/ EVENTOUT	
—	—	83	—	102	V_{SS}	S				
—	—	84	J13	103	V_{DD}	S				
—	61	85	M14	104	PD14	I/O	FT		FSMC_D0/TIM4_CH3/ EVENTOUT/EVENTOUT	
—	62	86	L14	105	PD15	I/O	FT		FSMC_D1/TIM4_CH4/ EVENTOUT	
—	—	87	L15	106	PG2	I/O	FT		FSMC_A12/EVENTOUT	
—	—	88	K15	107	PG3	I/O	FT		FSMC_A13/EVENTOUT	
—	—	89	K14	108	PG4	I/O	FT		FSMC_A14/EVENTOUT	
—	—	90	K13	109	PG5	I/O	FT		FSMC_A15/EVENTOUT	
—	—	91	J15	110	PG6	I/O	FT		FSMC_INT2/EVENTOUT	
—	—	92	J14	111	PG7	I/O	FT		FSMC_INT3/USART6_ CK/EVENTOUT	
—	—	93	H14	112	PG8	I/O	FT		USART6_RTS/ETH_ PPS_OUT/EVENTOUT	
—	—	94	G12	113	V_{SS}	S				
—	—	95	H13	114	V_{DD}	S				
37	63	96	H15	115	PC6	I/O	FT		I2S2_MCK/TIM8_CH1/ SDIO_D6/USART6_TX/ DCMI_D0/TIM3_CH1/ EVENTOUT	
38	64	97	G15	116	PC7	I/O	FT		I2S3_MCK/TIM8_CH2/ SDIO_D7/USART6_TX/ DCMI_D1/TIM3_CH2/ EVENTOUT	
39	65	98	G14	117	PC8	I/O	FT		TIM8_CH3/SDIO_D0/ TIM3_CH3/USART6_CK/ DCMI_D2/EVENTOUT	
40	66	99	F14	118	PC9	I/O	FT		I2S_CKIN/MCO2/ TIM8_CH4/SDIO_D1/ /I2C3_SDA/DCMI_D3/ TIM3_CH4/EVENTOUT	

续表

脚位					管脚名称 复位后功能[1]	类型	I/O 电平	注释	复用功能	默认的 其他 功能
LQFP64	LQFP100	LQFP144	UFBGA176	LQFP176						
41	67	100	F15	119	PA8	I/O	FT		MCO1/USART1_CK/TIM1_CH1/I2C3_SCL/OTG_FS_SOF/EVENTOUT	
42	68	101	E15	120	PA9	I/O	FT		USART1_TX/TIM1_CH2/I2C3_SMBA/DCMI_D0/EVENTOUT	OTG_FS_VBUS
43	69	102	D15	121	PA10	I/O	FT		USART1_RX/TIM1_CH3/OTG_FS_ID/DCMI_D1/EVENTOUT	
44	70	103	C15	122	PA11	I/O	FT		USART1_CTS/CAN1_RX/TIM1_CH4/OTG_FS_DM/EVENTOUT	
45	71	104	B15	123	PA12	I/O	FT		USART1_RTS/CAN1_TX/TIM1_ETR/OTG_FS_DP/EVENTOUT	
46	72	105	A15	124	PA1 (JTMS－SWDIO)	I/O	FT		JTMS－SWDIO/EVENTOUT	
47	73	106	F13	125	V_{CAP_2}	S				
—	74	107	F12	126	V_{SS}	S				
48	75	108	G13	127	V_{DD}	S				
—	—	—	E12	128	PH13	I/O	FT		TIM8_CH1N/CAN1_TX/EVENTOUT	
—	—	—	E13	129	PH14	I/O	FT		TIM8_CH2N/DCMI_D4/EVENTOUT	
—	—	—	D13	130	PH15	I/O	FT		TIM8_CH3N/DCMI_D11/EVENTOUT	
—	—	—	E14	131	PI0	I/O	FT		TIM5_CH4/SPI2_NSS/I2S2_WS/DCMI_D13/EVENTOUT	
—	—	—	D14	132	PI1	I/O	FT		SPI2_SCK/I2S2_CK/DCMI_D8/EVENTOUT	
—	—	—	C14	133	PI2	I/O	FT		TIM8_CM4/SPI2_MISO/DCMI_D9/I2S2ext_SD/EVENTOUT	
—	—	—	C13	134	PI3	I/O	FT		TIM8_ETR/SPI2_MOSI/I2S2_SD/DCMI_D10/EVENTOUT	
—	—	—	D9	135	V_{SS}	S				
—	—	—	C9	136	V_{DD}	S				

续表

脚位					管脚名称 复位后功能[1]	类型	I/O 电平	注释	复用功能	默认的 其他 功能
LQFP64	LQFP100	LQFP144	UFBGA176	LQFP176						
49	76	109	A14	137	PA14(JTCK – SWCLK)	I/O	FT		JTCK – SWCLK/EVENTOUT	
50	77	110	A13	138	PA15 (JTDI)	I/O	FT		JTDI/SPI3_NSS/ I2S3_WS/TIM2_CH1_ETR/ SPI1_NSS/EVENTOUT	
51	78	111	B14	139	PC10	I/O	FT		SPI3_SCK/I2S3_CK/UART4_ TX/SDIO_D2/DCMI_D8/ USART3_TX/EVENTOUT	
52	79	112	B13	140	PC11	I/O	FT		UART4_RX/SPI3_MISO/ SDIO_D3/DCMI_D4/ USAR T3_RX/I2S3 ext_ SD/EVE NTOUT	
53	80	113	A12	141	PC12	I/O	FT		UART5_TX/SDIO_CK/ DCMI_D9/SPI3_MOSI/I2S3_ SD/USART3_CK/EVENTOUT	
—	81	114	B12	142	PD0	I/O	FT		FSMC_D2/CAN1_RX/ EVENTOUT	
—	82	115	C12	143	PD1	I/O	FT		FSMC_D3/CAN1_TX/ EVENTOUT	
54	83	116	D12	144	PD2	I/O	FT		TIM3_ERT/UART5_RX/ SDIO_CMD/DCMI_D11/ EVENTOUT	
—	84	117	D11	145	PD3	I/O	FT		FSMC_CLK/USART2_CTS/ EVENTOUT	
—	85	118	D10	146	PD4	I/O	FT		FSMC_NOE/USART2_RTS/ EVENTOUT	
—	86	119	C11	147	PD5	I/O	FT		FSMC_NWE/USART2_TX/ EVENTOUT	
—	—	120	D8	148	V_{SS}	S				
—	—	121	C8	149	V_{DD}	S				
—	87	122	B11	150	PD6	I/O	FT		FSMC_NWAIT/USART2_ RX/EVENTOUT	
—	88	123	A11	151	PD7	I/O	FT		USART2_CK/FSMC_NE1/ FSMC_NCE2/EVENTOUT	
—	—	124	C10	152	PG9	I/O	FT		USART6_RX/FSMC_NE2/ FSMC_NCE3/EVENTOUT	

脚位					管脚名称 复位后功能[1]	类型	I/O 电平	注释	复用功能	默认的 其他 功能
LQFP64	LQFP100	LQFP144	UFBGA176	LQFP176						
—	—	125	B10	153	PG10	I/O	FT		FSMC_NCE4_1/ FSMC_NE3/EVENTOUT	
—	—	126	B9	154	PG11	I/O	FT		FSMC_NCE4_2/ ETH_MII_TX_EN/ETH_ RMII_TX_EN/EVENTOUT	
—	—	127	B8	155	PG12	I/O	FT		FSMC_NE4/USART6_RTS/ EVENTOUT	
—	—	128	A8	156	PG13	I/O	FT		FSMC_A24/USART6_CTS/ ETH_MII_TXD0/ETH_ RMII_TXD0/EVENTOUT	
—	—	129	A7	157	PG14	I/O	FT		FSMC_A25/USART6_TX/ ETH_MII_TXD1/ ETH_RMII_TXD1/ EVENTOUT	
—	—	130	D7	158	V_{SS}	S				
—	—	131	C7	159	V_{DD}	S				
—	—	132	B7	160	PG15	I/O	FT		USART6_CTS/DCMI_D13/ EVENTOUT	
55	89	133	A10	161	PB3 （JTDO/ TRACESWO）	I/O	FT		JTDO/TRACESWO/SPI3_ SCK/I2S3_CK/TIM2_ CH2/SPI1_SCK/EVENTOUT	
56	90	134	A9	162	PB4 （NJTRST）	I/O	FT		NJTRST/SPI3_MISO/ TIM3_CH1/SPI1_MISO/ I2S3ext_SD/EVENTOUT	
57	91	135	A6	163	PB5	I/O	FT		I2C1_SMBA/CAN2_RX/ OTG_HS_ULPI_D7/ETH_ PPS_OUT/TIM3_CH2/ SPI1_MOSI/SPI3_MOSI/ DCMI_D10/I2S3_SD/ EVENTOUT	
58	92	136	B6	164	PB6	I/O	FT		I2C1_SCL/TIM4_CH1/ CAN2_TX/DCMI_ D5/USART1_TX/ EVENTOUT	
59	93	137	B5	165	PB7	I/O	FT		I2C1_SDA/FSMC_NL/ DCMI_VSYNC/USART1_ RX/TIM4_CH2/EVENTOUT	

脚位					管脚名称 复位后功能[1]	类型	I/O 电平	注释	复用功能	默认的 其他 功能
LQFP64	LQFP100	LQFP144	UFBGA176	LQFP176						
60	94	138	D6	166	BOOT0	I	B			V_{PP}
61	95	139	A5	167	PB8	I/O	FT		TIM4_CH3/SDIO_D4/ TIM10_CH1/DCMI_D6/ ETH_MII_TXD3/I2C1_SCL/ CAN1_RX/EVENTOUT	
62	96	140	B4	168	PB9	I/O	FT		SPI2_NSS/I2S2_WS/ TIM4_CH4/TIM11_CH1/ SDIO_D5/DCMI_D7/I2C1_ SDA/CAN1_TX/EVENTOUT	
—	97	141	A4	169	PE0	I/O	FT		TIM4_ETR_FSMC_NBL0/ DCMI_D2/EVENTOUT	
—	98	142	A3	170	PE1	I/O	FT		FSMC_NBL1/DCMI_D3/ EVENTOUT	
63	99	—	D5	—	V_{SS}	S				
—	—	143	C6	171	PDR_ON	I	FT			
64	100	144	C5	172	V_{DD}	S				
—	—	—	D4	173	PI4	I/O	FT		TIM8_BKIN_DCMI_D5/ EVENTOUT	
—	—	—	C4	174	PI5	I/O	FT		TIM8_CH1/DCMI_VSYNC/ EVENTOUT	
—	—	—	C3	175	PI6	I/O	FT		TIM8_CH2/DCMI_D6/ EVENTOUT	
—	—	—	C2	176	PI7	I/O	FT		TIM8_CH3/DCMI_D7/ EVENTOUT	

1. Function availability depends on the chosen device.
2. PC13,PC14,PC15 and PI8 are supplied through the power switch. Since the switch only sinks a limited amount of current(3 mA),the use of GPIOs PC13 to PC15 and PI8 in output mode is limited:
   - The speed should not exceed 2 MHz with a maximum load of 30 pF.
   - These I/Os must not be used as a current source(e. g. to drive an LED).
3. Main function after the first backup domain power-up. Later on,it depends on the contents of the RTC registers even after reset(because these registers are not reset by the main reset). For details on how to manage these I/Os,refer to the RTC register description sections in the STM32F4xx reference manual,available from the STMicroelectronics website: www. st. com.
4. FT = 5 V tolerant except when in analog mode or oscillator mode(for PC14,PC15,PH0 and PH1).

附录4　引脚功能映射表

Alternate function mapping

Port	AF0	AF1	AF2	AF3	AF4	AF5	AF6	AF7	AF8	AF9	AF10	AF11	AF12	AF13	AF14	AF15
	SYS	TIM1/2	TIM3/4/5	TIM8/9/10/11	I2C1/2/3	SPI1/SPI2/I2S2/I2S2ext	SPI3/I2S2ext/I2S3	USART1/2/3/I2S3ext	UART4/5/USART6	CAN1/CAN2/TIM12/13/14	OTG_FS/OTG_HS	ETH	FSMC/SDIO/OTG_FS	DCMI		EVENTOUT
PA0		TIM2_CH1/TIM2_ETR	TIM5_CH1	TIM8_ETR				USART2_CTS	UART4_TX			ETH_MII_CRS				EVENTOUT
PA1		TIM2_CH2	TIM5_CH2					USART2_RTS	UART4_RX			ETH_MII_RX_CLK/ETH_RMII_REF_CLK				EVENTOUT
PA2		TIM2_CH3	TIM5_CH3	TIM9_CH1				USART2_TX				ETH_MDIO				EVENTOUT
PA3		TIM2_CH4	TIM5_CH4	TIM9_CH2				USART2_RX			OTG_HS_ULPI_D0	ETH_MII_COL				EVENTOUT
PA4						SPI1_NSS	SPI3_NSS/I2S3_WS	USART2_CK					OTG_HS_SOF	DCMI_HSYNC		EVENTOUT
PA5		TIM2_CH1/TIM2_ETR		TIM8_CH1N		SPI1_SCK					OTG_HS_ULPI_CK					EVENTOUT
PA6		TIM1_BKIN	TIM3_CH1	TIM8_BKIN		SPI1_MISO				TIM13_CH1				DCMI_PIXCK		EVENTOUT
PA7		TIM1_CH1N	TIM3_CH2	TIM8_CH1N		SPI1_MOSI				TIM14_CH1		ETH_MII_RX_DV/ETH_RMII_CRS_DV				EVENTOUT
PA8	MCO1	TIM1_CH1			I2C3_SCL			USART1_CK			OTG_FS_SOF					EVENTOUT
PA9		TIM1_CH2			I2C3_SMBA			USART1_TX						DCMI_D0		EVENTOUT
PA10		TIM1_CH3						USART1_RX			OTG_FS_ID			DCMI_D1		EVENTOUT
PA11		TIM1_CH4						USART1_CTS		CAN1_RX	OTG_FS_DM					EVENTOUT
PA12		TIM1_ETR						USART1_RTS		CAN1_TX	OTG_FS_DP					EVENTOUT
PA13	JTMS-SWDIO															EVENTOUT
PA14	JTCK-SWCLK															EVENTOUT
PA15	JTDI	TIM2_CH1/TIM2_ETR				SPI1_NSS	SPI3_NSS/I2S3_WS									EVENTOUT
PB0		TIM1_CH2N	TIM3_CH3	TIM8_CH2N							OTG_HS_ULPI_D1	ETH_MII_RXD2				EVENTOUT
PB1		TIM1_CH3N	TIM3_CH4	TIM8_CH3N							OTG_HS_ULPI_D2	ETH_MII_RXD3				EVENTOUT
PB2																EVENTOUT
PB3	JTDO/TRACESWO	TIM2_CH2				SPI1_SCK	SPI3_SCK/I2S3_CK									EVENTOUT
PB4	JTRST		TIM3_CH1			SPI1_MISO	SPI3_MISO/I2S3_SD	I2S3ext_SD								EVENTOUT
PB5			TIM3_CH2		I2C1_SMBA	SPI1_MOSI	SPI3_MOSI/I2S3_SD			CAN2_RX	OTG_HS_ULPI_D7	ETH_PPS_OUT		DCMI_D10		EVENTOUT
PB6			TIM4_CH1		I2C1_SCL			USART1_TX		CAN2_TX				DCMI_D5		EVENTOUT
PB7			TIM4_CH2		I2C1_SDA			USART1_RX					FSMC_NL	DCMI_VSYNC		EVENTOUT
PB8			TIM4_CH3	TIM10_CH1	I2C1_SCL					CAN1_RX		ETH_MII_TXD3	SDIO_D4	DCMI_D6		EVENTOUT
PB9			TIM4_CH4	TIM11_CH1	I2C1_SDA	SPI2_NSS/I2S2_WS				CAN1_TX			SDIO_D5	DCMI_D7		EVENTOUT
PB10		TIM2_CH3			I2C2_SCL	SPI2_SCK/I2S2_CK		USART3_TX			OTG_HS_ULPI_D3	ETH_MII_RX_ER				EVENTOUT
PB11		TIM2_CH4			I2C2_SDA			USART3_RX			OTG_HS_ULPI_D4	ETH_MII_TX_EN/ETH_RMII_TX_EN				EVENTOUT
PB12		TIM1_BKIN			I2C2_SMBA	SPI2_NSS/I2S2_WS		USART3_CK		CAN2_RX	OTG_HS_ULPI_D5	ETH_MII_TXD0/ETH_RMII_TXD0	OTG_HS_ID			EVENTOUT
PB13		TIM1_CH1N				SPI2_SCK/I2S2_CK		USART3_CTS		CAN2_TX	OTG_HS_ULPI_D6	ETH_MII_TXD1/ETH_RMII_TXD1				EVENTOUT
PB14		TIM1_CH2N		TIM8_CH2N		SPI2_MISO	I2S2ext_SD	USART3_RTS		TIM12_CH1			OTG_HS_DM			EVENTOUT

Alternate function mapping(continued)

Port	AF0 SYS	AF1 TIM1/2	AF2 TIM3/4/5	AF3 TIM8/9/10/11	AF4 I2C1/2/3	AF5 SPI1/SPI2 I2S2/I2S2ext	AF6 SPI3/I2Sext I2S3	AF7 USART1/2/3 I2S3ext	AF8 UART4/5/ USART6	AF9 CAN1/CAN2 TIM12/13/14	AF10 OTG FS/ OTG HS	AF11 ETH	AF12 FSMC/SDIO/ OTG FS	AF13 DCMI	AF14	AF15 EVENTOUT
PB15	RTC_50Hz	TIM1_CH3N											OTG_HS_DP			EVENTOUT
PC0											OTG_HS_ULPI_STP					EVENTOUT
PC1												ETH_MDC				EVENTOUT
PC2						SPI2_MISO	I2S2ext_SD				OTG_HS_ULPI_DIR	ETH_MII_TXD2				EVENTOUT
PC3						SPI2_MOSI I2S2_SD					OTG_HS_ULPI_NXT	ETH_MII_TX_CLK ETH_RMII_TX_CLK				EVENTOUT
PC4												ETH_MII_RXD0 ETH_RMII_RXD0				EVENTOUT
PC5												ETH_MII_RXD1 ETH_RMII_RXD1				EVENTOUT
PC6			TIM3_CH1	TIM8_CH1		I2S2_MCK			USART6_TX				SDIO_D6	DCMI_D0		EVENTOUT
PC7			TIM3_CH2	TIM8_CH2			I2S3_MCK		USART6_RX				SDIO_D7	DCMI_D1		EVENTOUT
PC8			TIM3_CH3	TIM8_CH3					USART6_CK				SDIO_D0	DCMI_D2		EVENTOUT
PC9	MCO2		TIM3_CH4	TIM8_CH4	I2C3_SDA	I2S_CKIN							SDIO_D1	DCMI_D3		EVENTOUT
PC10							SPI3_SCK/ I2S3S_CK	USART3_TX/	UART4_TX				SDIO_D2	DCMI_D8		EVENTOUT
PC11							SPI3_SMISO I2S3ext_SD/	USART3_RX	UART4_RX				SDIO_D3	DCMI_D4		EVENTOUT
PC12							SPI3_MOSI I2S3_SD	USART3_CK	UART5_TX				SDIO_CK	DCMI_D9		EVENTOUT
PC13																EVENTOUT
PC14																
PC15																
PD0										CAN1_RX			FSMC_D2			EVENTOUT
PD1										CAN1_TX			FSMC_D3			EVENTOUT
PD2			TIM3_ETR						UART5_RX				SDIO_CMD	DCMI_D11		EVENTOUT
PD3								USART2_CTS					FSMC_CLK			EVENTOUT
PD4								USART2_RTS					FSMC_NOE			EVENTOUT
PD5								USART2_TX					FSMC_NWE			EVENTOUT
PD6								USART2_RX					FSMC_NWAIT			EVENTOUT
PD7								USART2_CK					FSMC_NE1/ FSMC_NCE2			EVENTOUT
PD8								USART3_TX					FSMC_D13			EVENTOUT
PD9								USART3_RX					FSMC_D14			EVENTOUT
PD10								USART3_CK					FSMC_D15			EVENTOUT
PD11								USART3_CTS					FSMC_A16			EVENTOUT
PD12			TIM4_CH1					USART3_RTS					FSMC_A17			EVENTOUT
PD13			TIM4_CH2										FSMC_A18			EVENTOUT
PD14			TIM4_CH3										FSMC_D0			EVENTOUT

Alternate function mapping(continued)

Port	AF0 SYS	AF1 TIM1/2	AF2 TIM3/4/5	AF3 TIM8/9/10/11	AF4 I2C1/2/3	AF5 SPI1/SPI2/ I2S2/I2S2ext	AF6 SPI3/I2Sext/ I2S3	AF7 USART1/2/3/ I2S3ext	AF8 UART4/5/ USART6	AF9 CAN1/CAN2/ TIM12/13/14	AF10 OTG FS/ OTG HS	AF11 ETH	AF12 FSMC/SDIO/ OTG FS	AF13 DCMII	AF14	AF15 EVENTOUT
PD15			TIM4_CH4													EVENTOUT
PE0			TIM4_ETR										FSMC_NBL0	DCMII_D2		EVENTOUT
PE1													FSMC_BLN1	DCMII_D3		EVENTOUT
PE2	TRACECLK											ETH_MII_TXD3	FSMC_A23			EVENTOUT
PE3	TRACED0												FSMC_A19			EVENTOUT
PE4	TRACED1												FSMC_A20	DCMII_D4		EVENTOUT
PE5	TRACED2			TIM9_CH1									FSMC_A21	DCMII_D6		EVENTOUT
PE6	TRACED3			TIM9_CH2									FSMC_A22	DCMII_D7		EVENTOUT
PE7		TIM1_ETR											FSMC_D4			EVENTOUT
PE8		TIM1_CH1N											FSMC_D5			EVENTOUT
PE9		TIM1_CH1											FSMC_D6			EVENTOUT
PE10		TIM1_CH2N											FSMC_D7			EVENTOUT
PE11		TIM1_CH2											FSMC_D8			EVENTOUT
PE12		TIM1_CH3N											FSMC_D9			EVENTOUT
PE13		TIM1_CH3											FSMC_D10			EVENTOUT
PE14		TIM1_CH4											FSMC_D11			EVENTOUT
PE15		TIM1_BKIN											FSMC_D12			EVENTOUT
PF0					I2C2_SDA								FSMC_A0			EVENTOUT
PF1					I2C2_SCL								FSMC_A1			EVENTOUT
PF2					I2C2_SMBA								FSMC_A2			EVENTOUT
PF3													FSMC_A3			EVENTOUT
PF4													FSMC_A4			EVENTOUT
PF5													FSMC_A5			EVENTOUT
PF6				TIM10_CH1									FSMC_NIORD			EVENTOUT
PF7				TIM11_CH1									FSMC_NREG			EVENTOUT
PF8										TIM13_CH1			FSMC_NIOWR			EVENTOUT
PF9										TIM14_CH1			FSMC_CD			EVENTOUT
PF10													FSMC_INTR			EVENTOUT
PF11														DCMII_D12		EVENTOUT
PF12													FSMC_A6			EVENTOUT
PF13													FSMC_A7			EVENTOUT
PF14													FSMC_A8			EVENTOUT
PF15													FSMC_A9			EVENTOUT

Port	AF0 SYS	AF1 TIM1/2	AF2 TIM3/4/5	AF3 TIM8/9/10/11	AF4 I2C1/2/3	AF5 SPI1/SPI2/I2S2/I2S2ext	AF6 SPI3/I2S2ext/I2S3	AF7 USART1/2/3/I2S3ext	AF8 UART4/5/USART6	AF9 CAN1/CAN2/TIM12/13/14	AF10 OTG_FS/OTG_HS	AF11 ETH	AF12 FSMC/SDIO/OTG_FS	AF13 DCMI	AF14	AF15 EVENTOUT
PH15				TIM8_CH3N										DCMI_D11		EVENTOUT
PI0			TIM5_CH4			SPI2_NSS I2S2_WS								DCMI_D13		EVENTOUT
PI1						SPI2_SCK I2S2_CK								DCMI_D8		EVENTOUT
PI2				TIM8_CH4		SPI2_MISO	I2S2ext_SD							DCMI_D9		EVENTOUT
PI3				TIM8_ETR		SPI2_MOSI I2S2_SD								DCMI_D10		EVENTOUT
PI4				TIM8_BKIN										DCMI_D5		EVENTOUT
PI5				TIM8_CH1										DCMI_VSYNC		EVENTOUT
PI6				TIM8_CH2										DCMI_D6		EVENTOUT
PI7				TIM8_CH3										DCMI_D7		EVENTOUT
PI8																
PI9										CAN1_RX						EVENTOUT
PI10												ETH_MII_RX_ER				EVENTOUT
PI11											OTG_HS_ULPI_DIR					EVENTOUT

参 考 文 献

［1］ STM32F4xx 中文参考手册(ST 官方)

［2］ STM32F4xx 英文参考手册(ST 官方)

［3］ STM32F4xx 固件函数库(ST 官方)

［4］ STM32F407 数据手册(ST 官方)

［5］ STM32F3 与 F4 系列 Cortex M4 内核编程手册(ST 官方)